MICHAEL LOSSE

Burgen und Festungen des Johanniter-Ritterordens
auf Rhódos und in der Ägäis

MICHAEL LOSSE

Burgen und Festungen des Johanniter-Ritterordens auf Rhódos und in der Ägäis

Griechenland 1307–1522

176 Seiten mit 147 Abbildungen

Bibliografische Information der Deutschen Nationalbibliothek
Die Deutsche Nationalbibliothek verzeichnet diese Publikation in der Deutschen Nationalbibliografie;
detaillierte bibliografische Daten sind im Internet über http://dnb.d-nb.de abrufbar.

© 2017 by Nünnerich-Asmus Verlag & Media GmbH, Mainz am Rhein

ISBN 978-3-96176-005-3
Lektorat: Verena Caspers und Anna Avrutina
Gestaltung: TypoGraphik Anette Klinge, Gelnhausen
Gestaltung Titelbild: Addvice Design & Advertising, Mainz
Druck: Belvedere Print & Packaging bv, Oosterbeek (NL)

Alle Rechte, insbesondere das der Übersetzung in fremde Sprachen, vorbehalten.
Ohne ausdrückliche Genehmigung des Verlages ist es auch nicht gestattet, dieses Buch oder Teile daraus auf fotomechanischem Wege (Fotokopie, Mikrokopie) zu vervielfältigen oder unter Verwendung elektronischer Systeme zu verarbeiten und zu verbreiten.

Printed by Nünnerich-Asmus Verlag & Media GmbH
Weitere Titel aus unserem Verlagsprogramm finden Sie unter: www.na-verlag.de

Für Ilga, ohne die es dieses Buch nicht gäbe.

Vielleicht haben wenige Länder in Europa, selbst Italien und Spanien nicht ausgenommen, so viele schöne und malerische Ruinen von Ritterburgen in dem edlen Style des fünfzehnten Jahrhunderts aufzuweisen als Rhódos.

(Prof. Ludwig Ross: Reisen auf den griechischen Inseln des ägäischen Meeres, III, 1845, S. 100).

1. Monólithos (Rhódos), Burg und Kap Kásaro mit der Ruine eines Wachtturmes auf der kleinen Halbinsel rechts am Kap (© ML).

INHALT

DANKSAGUNG	11
EINLEITUNG	12
DIE DODEKANES	15
DER JOHANNITER-ORDENSSTAAT	17
Der Orden bis zur Vertreibung aus dem »Heiligen Land« 1291	17
Der Orden auf Zypern (ab 1291)	19
Der Johanniter-Ordensstaat auf Rhódos und den Dodekanes (1307–1522)	20
Die Eroberung von Rhódos 1306-09	20
Festigung der Herrschaft	24
Besitzungen außerhalb der Dodekanes	27
Brückenköpfe auf dem kleinasiatischen Festland	28
Der Stützpunkt Akrokorinth bei Korinth auf der Peloponnes (1400/04)	32
Stützpunkte auf Ägäis-Inseln außerhalb der Dodekanes	33
Der Orden in der Defensive: Angriffe auf Rhódos und den Ordensstaat vor 1480	34
Die erste türkische Belagerung der Stadt Rhódos 1480	38
Die Zeit zwischen den Belagerungen 1480 und 1522	46
Die zweite türkische Belagerung der Stadt Rhódos 1522	47
BURGEN, FESTUNGEN UND WEHRBAUTEN DER JOHANNITER IM ÄGÄISCHEN ORDENSSTAAT	57
Anmerkungen zum Forschungsstand	57
Befestigungen und Wehrbauten auf den Dodekanes vor der Johanniter-Herrschaft	59
Burgen und Wehrbauten der Johanniter auf den Dodekanes	65
Die Großmeisterburg und die Festungsstadt Rhódos als Residenz des Ordens	67
Die Großmeisterburg (Großmeisterpalast)	67
Die Konventskirche St. Johannes Baptist	71
Das *collachium* mit der Ritterstraße	72
Die Ordenshospitäler	74
Die Stadt- und Hafenbefestigung	76
Vorwerke (detachierte Werke)	84

INHALT

Die *castellania* als Element der Verteidigungsstruktur	87
Burgen	89
Sonstige Wehrbauten	99
Schutz- und Wehrdörfer	99
Wachttürme und Wohntürme	99
Wachtposten (*Vigles*)	108
Wehr- und Schutzbauten zwischen Funktionalität und Symbolhaftigkeit	109
Wehrmauern, Ringmauern, Zwinger	109
Schildmauern und Geschützplattformen	117
Torbauten	119
Torzwinger und »Barbakanen«	121
Außenwerke	121
Vorwerke (detachierte Werke)	127
Wehrelemente	128
Schutzanlagen außerhalb der Ringmauer	131
Angriffs- und Verteidigungsmittel beim Kampf um Befestigungen	135
Wohn- und Repräsentationsbauten	139
Wohnbauten	141
Burgkapellen und Kirchen	147
Vorburgen	149
Wasserversorgung	149
Burgnamen	150
Zusammenfassung	151

BURGEN UND WEHRBAUTEN NACH DEM ENDE DES ORDENSSTAATES   159

REZEPTION UND »NACHLEBEN« DER JOHANNITER-BURGEN AUF DEN DODEKANES   163

Die Kapitänshäuser in Líndos (Rhódos)	163
Burgenrezeption im Kontext der italienischen Dodekanes-Besetzung 1912–43	163
Hotels, Restaurants und Wohnhäuser unserer Zeit als »Johanniter-Burgen«	165

ANHANG

Literatur (Auswahl)	167
Abkürzungsverzeichnis	175
Abbildungsnachweis	176

DANKSAGUNG

2. Kastélas (Rhódos), Burg, Lagebild; im Hintergrund die Insel Alimía (© ML).

DANKSAGUNG

Viele Menschen trugen zum Entstehen dieses Buches bei. Allen voran habe ich meiner Lebensgefährtin Ilga Koch zu danken, die seit 1999 meine Forschungen zu den Burgen und Befestigungen auf den Dodekanes begleitet, oft den größten Teil ihres Jahresurlaubs »opferte« und zu vielen Neuentdeckungen/-bewertungen beitrug. Ihr sei dieses Buch gewidmet.

Wertvolle Unterstützung und unbürokratische Hilfe vor Ort gewährte mir Dr. Ilias Kollias († 2007), seinerzeit Leiter des 4th Ephorate of Byzantine Antiquities in Rhódos. Unter den Fachkollegen, die meine Forschungen unterstützten, möchte ich zwei Personen besonders danken: Dr. Stephen C. Spiteri, der zu Johanniter-Befestigungen von den Anfängen bis zum Ende des Ordensstaates in Malta forschte, für intensiven fachlichen Austausch, Hinweise auf die Urkunden des Ordens (A.O.M.) im Nationalarchiv Maltas sowie für die Erlaubnis zur Nutzung einiger seiner Pläne und Rekonstruktionen für mein Buch. Dr. Mathias Piana bereiste 2007 gemeinsam mit mir Kástra auf dem Dodekanes und brachte sein umfängliches Wissen über Kreuzfahrerburgen im »Heiligen Land« in die Bauanalysen ein.

Dank für Mitteilungen und Informationen oder gemeinsame Quellen- und Objektanalysen gebührt zudem Prof. Karl Borchardt, Dipl.-Ing. Elmar Brohl, Prof. Robert L. Dauber, Michael Heslop, Raimo Kari, Dr. Anthony Luttrell, Dr. Kateriína Manoussou-Ntella, Dr. Uwe Ochsendorf, Dr. Christian Ottersbach, Dr. Foteini Perra, Dr. Denys Pringle, Dr. Miroslav Placek und Prof. Volker Schmidtchen.

Für die Erkenntnisse zu lokalen Traditionen und Überlieferungen zu Burgen und historischen Orten auf Rhódos und den Nachbarinseln danke ich Christos Fanarakis (1942–2015), der mir sein Wissen über rhodische Burgensagen und Legenden in abendlichen Gesprächen im Bergdorf Monólithos vermittelte.

Barbara und Gottfried »Kostas« Maurer halfen uns jährlich im Mai mit Transport und Logistik; vielen Dank dafür!

Ein ganz herzlicher Dank gilt der Verlegerin Dr. Annette Nünnerich-Asmus für ihr Interesse an dem Thema und für die hervorragende Zusammenarbeit; dieser Dank gilt auch der Lektorin Verena Caspers.

HINWEIS Fette Ziffern in Klammern verweisen auf die Abbildungen.

EINLEITUNG

Nach vielen Griechenland-Reisen seit 1984 als an Burgen und Festungen interessierter Tourist begann ich 1999 mit systematischen Recherchen und Reisen zu den Burgen und Wehrbauten des Johanniter-Ritterordens im Gebiet des von 1307 bis 1522 bestehenden Ordensstaates auf Rhódos und den Dodekanes. Bald wurde deutlich, dass diese nicht isoliert von byzantinischen und antiken Wehrbauten betrachtet werden können, da letztere Impulse für Entwicklungen im spätmittelalterlichen Burgen-/Festungsbau gaben.

Da Johanniter-Burgen und -Festungen in der Ägäis mit Ausnahme der Festung Rhódos seitens der Forschung bisher wenig Beachtung gefunden hatten und Überblicksdarstellungen (Poutiers 1989; Spiteri 1994, 2001) unvollständig waren, kam der Plan auf, einen Katalog der Wehrbauten der Johanniter im Ordensstaat zu erstellen. Erfasst wurden dabei alle Burgen, Festungen, befestigten Städte und Siedlungen, Wacht- und Wohntürme sowie Turmhäuser, die der Orden erbaute oder übernahm und ausbaute (3). Anschließend erfolgte die Aufnahme der byzantinischen Wehrbauten, die im Rahmen von Surveys auf Nachnutzungen durch den Orden untersucht wurden. Weil das Projekt eigenfinanziert wurde – die Gerda Henkel Stiftung gab 2008 einen Reisekostenzuschuss – und viele der Befestigungen in (heute) pfadlosen Gebirgen oder auf inzwischen teils unbewohnten und somit nur schwer erreichbaren Inseln stehen, zogen sich die Forschungen bis 2017 hin.

Zur langen Projektdauer trug auch bei, dass es in der Literatur und bei der Bevölkerung vielfach zu Verwechslungen der Objekte kam, die – da nicht mehr unter ihren ursprünglichen Namen bekannt – fast durchweg *Kástro* (Burg) oder *Palaiókastro* (alte Burg) genannt werden. Hinzu kommen Objekte mit dem Namensbestandteil -*kástro*: Auf Rhódos findet sich die volkstümliche Bezeichnung *Erimókastro* (Burg in der Einsamkeit, verlassene Burg) gleich dreimal. Viele Gespräche mit älteren Menschen – idealerweise Hirten und Bauern, die sich im Gelände auskennen und denen historische Flurnamen noch vertraut sind – waren notwendig.

Insgesamt konnte ich schließlich 25 Dodekanes-Inseln[1] aufsuchen und über 270 Burgen, Wehrbauten und Wachtposten (*Vígles*) besichtigen. Da die Dodekanes-Inseln vor der türkischen Küste liegen, sind einzelne Wehrbauten bis heute militärisch besetzt und unzugänglich. Bei anderen besteht wegen der Militäranlagen nahebei Fotografierverbot, sodass nicht alle dokumentiert werden konnten. Aufgrund der weitgehenden Zerstörung und Verschüttung mancher Burgen und Befestigungen sowie der starken Überwucherung anderer Ruinen waren nicht alle zufriedenstellend zu dokumentieren. Aufmaße waren vielfach behördlich nicht gestattet.

Im Rahmen meiner Forschungen ergab sich, dass der Bestand antiker, byzantinischer und mittelalterlicher Burgen und Wehrbauten deutlich größer ist, als bis dahin vermutet, denn weder die griechische noch die internationale Burgenforschung hat sich flächendeckend mit diesen Bauten befasst. Insbesondere die mittelalterlichen Befestigungen der Johanniter, Venezianer und Genuesen – aus griechischer Sicht: Besatzer – fanden nur wenig Beachtung. Inzwischen wurden durch Auswertung von Literatur und Archivalien sowie Begehungen über 340 antike und mittelalterliche Wehrbauten auf den Dodekanes katalogisiert. Von diesen können

EINLEITUNG

3. Chorió (Sými), Kástro. Die Ordensburg entstand durch Ausbau der antiken, auch in byzantinischer Zeit genutzten Akropolis (© ML).

nach derzeitiger Kenntnis mindestens 109 mit dem Johanniter-Orden in Verbindung gebracht werden. Hinzu kommen Burgen und Befestigungen des Ordens außerhalb der Dodekanes: auf den Kykladen, auf der Peloponnes und Brückenköpfe des Ordens an der kleinasiatischen bzw. türkischen Küste.

Im hier vorgelegten Buch sind meine bisherigen Forschungsergebnisse, die in Aufsätzen zu Einzelaspekten des Burgen- und Festungsbaus der Johanniter in der Ägäis sowie im Buch *Die Kreuzritter von Rhódos. Bevor die Johanniter Malteser wurden* (Ostfildern 2011) Darstellung fanden, aktualisiert und ergänzt als knappe burgenkundliche Überblicksdarstellung zusammengefasst. Mittelfristiges Ziel ist die Publikation des Kataloges aller Objekte als Buch mit einer ausführlichen burgenkundlichen Einführung und als Datenbank.

1 Agathonísi, Alimiá, Arkoi, Astypálaia, Chálki, Ikaria, Kálymnos, Kárpathos, Kásos, Kastellórizon (Megísti), Kós, Leipsoi, Léros, Nísyros, Pátmos, Psérimos, Pyrgoúsa, Rhódos, Ró, Sariá, Séskli, Sókastro, Sými, Télendos und Tílos.

DIE DODEKANES

4. Megísti (Kastellórizo). Blick über den Hauptort mit dem für die Insel namengebenden Castello Rosso; im Hintergrund die Türkei (© ML).

DIE DODEKANES

Die Ägäis wird das nördliche Nebenmeer des Mittelmeeres zwischen Griechenland und Kleinasien genannt. Sie reicht im Süden bis zur unterseeischen Schwelle, die von der Peloponnes über Kreta, Kárpathos und Rhódos zum kleinasiatischen Festland verläuft.

Die Ägäis-Inseln werden heute in vier Gruppen unterschieden: Dodekanes bzw. Südliche Sporaden, Ost- und Nordägäische Inseln, Kykladen und Westägäische Inseln. Die erst seit 1947 wieder größtenteils zu Griechenland gehörigen Dodekanes (*Dodeka Nisia* = Zwölf Inseln) in der SO-Ägäis liegen mit ihrer etwa 160 km langen Hauptreihe vor der SW-Küste Kleinasiens (Karien) bzw. der Türkei. Sie setzen südlich der Inselkette Sámos-Foúrnoi-Ikaría an und umfassen, je nach Zählung, 14–18 größere, bewohnte sowie 40–180 kleinere Inseln und Felseilande. Die bekanntesten sind die »Urlaubsinseln« Rhódos und Kós, die »Klosterinsel« Pátmos und die »Schwammfischerinsel« Kálymnos. Fast alle Inseln der Dodekanes sitzen auf dem kleinasiatischen Festlandsockel, d.h. sie zählen geografisch zu Asien.

Die Benennung *Dodekánisos* kam offenbar im 8. Jh. im Byzantinischen Reich als eine Verwaltungsbezeichnung für einen bestimmten Kreis der ägäischen Inseln – darunter Náxos und andere Kykladen – auf und wurde später auf weitere Inseln ausgedehnt. Somit ist die Gruppe der »historischen Dodekanes« nicht eindeutig zu fassen, zumal die Dodekanes vor 1947 nie eine geschichtliche Einheit bildeten. Mehrere der heute als Dodekanes bezeichneten Inseln bildeten mit Rhódos als Zentrum und Stützpunkten auf dem heute türkischen Festland, auf anderen Ägäis-Inseln und der Peloponnes von 1307 bis 1522 den Johanniter-Ordensstaat (4).

Insgesamt umfassen die Dodekanes eine Landfläche von 2.705 km², von der mehr als die Hälfte auf Rhódos entfällt. Wie fast alle Ägäis-Inseln sind sie gebirgig: Auf Rhódos und Kárpathos ragen bis zu 1.215 m hohe Kalkberge auf. Mit Ausnahme der *»Querrücken Kós und Rhódos [...] als Fortsetzung der in gleicher Richtung liegenden festländischen Höhenzüge«*[1] haben fast alle Inseln einen stark gegliederten Küstensaum mit tiefen Buchten (v.a. Léros, Sými, Tílos).

Die geographischen Gegebenheiten der Dodekanes hatten Einfluss auf den Burgen- und Befestigungsbau bzw. die Struktur des Wacht- und Verteidigungssystems der Johanniter. Da die Inseln rund um Rhódos einer Zentralgewalt, dem Johanniter-Ritterorden, unterstanden – im Vergleich dazu verfügte Venedig in der Ägäis über Streubesitz –, war es möglich, im Kerngebiet des aus Inseln und Brückenköpfen an der kleinasiatischen Küste bestehenden Ordensstaates ein Wehrbausystem zur Überwachung anzulegen. Es hatte sowohl in die Ferne zu wirken als auch bestimmte Punkte, meist (Hafen-)Buchten, zu sichern.

Auf den Dodekanes gibt es Kalkberge und im Bereich der Inseln Nísyros, Kós und Pátmos sind vulkanische Gesteine vorhanden, doch sind weite Gebiete – so auf Rhódos und Kós – steinarm. Daher ist das Erscheinungsbild der überwiegend unverputzten Wehrbauten sehr unterschiedlich: grauer oder orange-rötlicher Kalkbruchstein mit Ziegelauszwickungen, hellbrauner Kalksandstein oder schwärzlicher Trachyt sind ebenso zu sehen wie aus Marmor aufgeführte Mauern aus antiken Spolien.

1 Lehmann 1985, S. 16.

DER JOHANNITER-ORDENSSTAAT

5. Charáki (Rhódos), Kástro Féraklos. Am Fuß des Kástro, links unten im Bild, gruben Archäologen eine Zucker-produktionsstätte des 15. Jh. aus (© ML).

DER JOHANNITER-ORDENSSTAAT

Der Orden bis zur Vertreibung aus dem »Heiligen Land« 1291

Die Johanniter gelten als »*ältester der geistlichen Ritterorden*«, zu denen auch die Templer und der Deutsche Orden zählen. Nach Rudolf Hiestand ist dies falsch: »*Erst nach anderen sind die Johanniter zu einer militärischen Aufgabe gelangt und zu einem Orden geworden*«, doch »*bleibt das Hospital* [so ein anderer Name für den Orden] *die älteste unter den Institutionen, die wir als Ritterorden kennen. Nur ist es eben nicht als Ritterorden entstanden.*«[1]

Die Anfänge der Johanniter sind nicht ganz geklärt. Nach »*glaubwürdiger Tradition*«[2] sollen Kaufleute aus der im Mittelmeerhandel bedeutenden Stadt Amalfi/Italien zwischen 1048/71 mit Billigung des Kalifen in Jerusalem ein Hospital gegründet haben, das eine Laienbruderschaft führte. In der Tradition spätantiker Xenodochien beherbergte es Pilger und betreute Arme und Kranke auf Basis des Prinzips christlicher Nächstenliebe. Zum Patron wählte die Hospitalgemeinschaft zu unbekannter Zeit den hl. Johannes den Täufer (St. Johann Baptist). Die Hospitalgründung, so der Chronist Erzbischof Wilhelm von Tyrus über ein Jahrhundert später, förderte der schiitische Fatimiden-Kalif in Ägypten, der damalige Stadtherr Jerusalems. Demnach bestand das Hospital vor Ankunft der ersten Kreuzfahrer in Jerusalem.

Der Erste Kreuzzug (1096–99) brachte dem Hospital Kreuzritter als Patienten, die sich mit Zuwendungen bedankten. Das Spektrum der Schenkungen, Legate und Erbschaften an den Orden reichte von der Überlassung eines Pferdes, einer Rüstung oder Geldsumme bis zu Schenkungen von Gütern und Ländereien. So breiteten sich die Johanniter ab dem 12. Jh. über weite Teile West-, Mittel- und Nordeuropas mit Landbesitz und Häusern aus. Regionaler Grundbesitz wurde in Kommenden/Komtureien zusammengefasst, deren Hauptaufgabe die Erwirtschaftung von Kapital zur Sicherung der diakonischen, sozialen und militärischen Aufgaben des Ordens an seinen verschiedenen Wirkungsorten und später im Ordensstaat war.

Bruder Gérard, der eigentliche Ordensgründer, legte E. des 11. Jh. die Basis für die mönchische Ordnung. Ihm wird folgende Aussage zugeschrieben: »*Unsere Bruderschaft wird unvergänglich sein, weil der Boden, auf dem diese Pflanze wurzelt, das Elend der Welt ist, und weil, so Gott will, es immer Menschen geben wird, die daran arbeiten wollen, dieses Leid geringer, dieses Elend erträglicher zu machen.*« Die Johanniter trugen einen schwarzen Rock mit weißem Kreuz. Sie unterlagen Armuts-, Keuschheits- und Gehorsamsgelübden, waren zu gemeinschaftlichem Leben im Sinne der Ordensregel und dem Dienst zum Wohl der Armen und Kranken verpflichtet. Liturgie und Seelsorge waren dabei wichtige Elemente. 1130/53 kam es zur Formulierung der Ordensregel, in der Kranken- und Armenfürsorge einen besonderen Rang einnahm. Die Ordensregel forderte keine militärischen Aktivitäten.

Um die M. des 12. Jh. erreichte der Orden die jurisdiktionelle Exemtion. Nachdem die Zeit unter

Gérard von allmählichem Anwachsen der materiellen Basis und Verfestigung seiner rechtlichen Stellung geprägt war, übernahm er unter Raymond de Puy (ca. 1120–58/60) die Aufgabe, Pilger zu schützen. So wandelte sich die Hospitalbruderschaft allmählich zum geistlichen Ritterorden, zu diakonischen kamen militärische Aufgaben, zur sozialen und kulturellen Bedeutung des Ordens militärische und politische Elemente. Diese Entwicklung ist ebenso wie die Entstehung der anderen geistlichen Ritterorden mit ihren »Mönchsrittern« undenkbar ohne den Einfluss der programmatischen Schrift *De laude novae militiae* Bernhards von Clairvaux. Bernhard (1090–1153) – Zisterzienserabt, Mystiker, Gelehrter, Befürworter/Propagandist des Zweiten Kreuzzuges – definierte die Rolle der geistlichen Ritterorden folgendermaßen: »*In der ganzen Welt spricht man von einer neuen Art des Kriegerstandes, der in dem Land entstand, das Gottes Sohn, der als Mensch zu uns kam, für sich gewählt hatte. Wo Er damals die Fürsten der Finsternis mit der Kraft seines Armes vertrieb, vernichtet Er heute deren unglückselige Minister, die Söhne des Unglaubens, und vertreibt sie dank des Mutes der tapferen Ritter. So schwenkt Er auch heute erneut das Siegeszeichen unserer Rettung im Hause Davids. Dies sind [...] die neuen Kriegergemeinschaften. Sie schlagen gleichzeitig zwei Schlachten von größtem Wert: den Kampf gegen das Fleisch und Blut und den gegen den Geist des Bösen, der in der Luft liegt.*«

Erste militärische Aufgaben sind für die 1. H. des 12. Jh. belegt, die wohl Söldner und Vasallen erfüllten, aber schon um 1160 verfügte der Orden über eine Streitmacht, in der Vollmitglieder Dienst mit der Waffe leisteten. E. des 12. Jh. lassen sich zwei Klassen von Kämpfern des Ordens unterscheiden: Ritter (*milites*) mit voller Profess (»Mönchsritter«) und aus den Reihen der dienenden Brüder rekrutierte *sergeants*.

Johanniter und Templer durften kein Kreuzfahrtgelübde ablegen. Das widerspricht dem Klischee vom »Kreuzritter«, doch bestand der Unterschied zwischen Rittern, die »*das Kreuz nahmen*«, wenn der Papst einen Kreuzzug gegen »*einen bestimmten Feind der Kirche, ob Ungläubiger oder Christ, schismatisch oder ketzerisch, oder gegen einen lediglich politischen Kirchenfeind*« ausrief, und Rittern der Orden darin, dass sich letztere in immerwährendem Kriegszustand gegen alle »*Ungläubigen*« befanden, doch nahmen auch Ordensritter an Kreuzzügen teil. Im 13. Jh. rekrutierten sich die Streitkräfte im lateinischen Syrien weitgehend aus Johannitern und Templern. Ihre Führungsspitzen gehörten zu den wichtigsten politischen Persönlichkeiten im lateinischen Osten.

Raymond de Puy verpflichtete Söldner zum Schutz von Pilgern vor muslimischen Überfällen auf den Wegen zu den heiligen Stätten der Christen in Jerusalem. Bald war der Orden, entsprechend der Erwartungen verschiedener Machthaber in den Kreuzfahrerstaaten, am Bau von Befestigungen beteiligt und bald wurden ihm auch Burgen überlassen. Aus Mitgliedern der Pflegebruderschaft wurden Ordensritter, deren Aufgabe neben dem Spitaldienst der bewaffnete Schutz von Christen war. Um 1180 hatten die Johanniter, neben den Templern, den Status einer zweiten Militärmacht im Königreich Jerusalem erlangt, in dessen Abhängigkeit sie standen. Sie sammelten in den Jahren muslimischer Offensiven in Syrien und Palästina Erfahrung im Kampf um Burgen und Befestigungen.

In der 2. H. des 13. Jh., nachdem sie nicht mehr unter dem Einfluss der Könige standen, wurden Johanniter und Templer die wichtigsten Teilstreitkräfte des christlichen Militärs im lateinischen Syrien; ihnen wurden weitere Burgen und Städte überlassen. Beide Orden kontrollierten große, faktisch unabhängige Grenzmarken, verhandelten mit Muslimen, expandierten in das Fürstentum Antiochia und das Königreich Armenien. Privilegien und Eigenmächtigkeiten der Orden, die Ländereien und Burgen von Lateinern übernahmen, die ihre Besitzungen nicht mehr verteidigen konnten, führten ihnen gegenüber zu Feindseligkeiten. Die 1274 auf dem Konzil von Lyon geäußerte Kritik an Johannitern und Templern mündete in dem Vorschlag, die Orden zu vereinen, um gegeneinander gerichtete Aktivitäten zu beenden und die gebündelten Kräfte gegen die gemeinsamen äußeren Feinde, die muslimischen Herrscher, zu richten.

Ab dem Ende des 13. Jh. verloren die Johanniter wichtige Burgen und Besitzungen an die Muslime. 1291 wurde Akkon, der letzte bedeutende Stützpunkt der Kreuzfahrer in Palästina, von Mamluken erobert und zerstört. Der bei der Verteidigung Akkons schwerverwundete Johanniter-Meister Jean de Villiers (1284/85–94) floh mit wenigen überlebenden Johannitern nach Zypern. Es gelang Johannitern und Templern dort, neue Konvente aufzubauen. Jedoch waren die Johanniter vorerst nicht in der Lage, ihre Aufgaben zu erfüllen, denn der Verlust des Besitzes in Palästina und Syrien, der Ländereien, Güter und Einkünfte im Lateinischen Königreich, bedeutete auch den Verlust eines wichtigen Teils ihrer wirtschaftlichen Basis. Der Orden musste sich reorganisieren und neue Aufgaben finden. Die Zeit auf Zypern wurde zum Aufbau einer Flotte genutzt, die für die folgenden Jahrhunderte zu einem grundlegenden Teil des souveränen Johanniter-Staates auf Rhódos und in Malta wurde.

Der Orden auf Zypern (ab 1291)

1291 nahm der Orden seinen Sitz in Limassol auf Zypern. Meister de Villiers betrieb die Neustrukturierung, wozu 1292 und 1293 Generalkapitel abgehalten wurden. 1293 entsandte der Orden Schiffe zur Verteidigung des christlichen Königreiches Kilikisches Armenien. Während der Regierung des Meisters Guillaume de Villaret (1296–1305) kam es 1300 zum Versuch, bei Tartus einen Brückenkopf im »Heiligen Land« zu erobern, der scheiterte, da zugesagte Hilfe der mit den Johannitern verbündeten Mongolen ausblieb. Nach Guillaumes Rücktritt übernahm sein Bruder Foulques de Villaret (1305–19) das Amt, der dann Rhódos eroberte. Unter den Brüdern de Villaret wurde die von de Villiers eingeleitete Neustrukturierung fortgesetzt, im Jahre 1300 das Amt des Admirals der Ordensflotte geschaffen und mit dem Generalkapitel 1302 in Limassol die Gliederung des Ordens in *Zungen* (*nationes*) vollzogen: »*Es wird festgesetzt, daß sich diesseits des Meeres 80 Ordensritter aufzuhalten haben, die aus verschiedenen Zungen abkommandiert werden und als eine Gemeinschaft [Konvent bei der Ordensspitze] anzusehen sind. Die Zunge Provence stellt 15 Ritter, Frankreich 15, Spanien 14, Italien 13, Auvergne 11, die deutsche Zunge 7 und die englische 5 Ordensritter und dazu noch diejenigen, die darüber hinaus eintreffen. Wer keine Ordensritter abstellen kann, der kann an ihre Stelle dienende Brüder setzen, um die genannte Mindestzahl zu erfüllen. Die Gemeinschaft kann sich zusammensetzen aus 65 Ordensrittern und 15 dienenden Brüdern.*«[3] Mit der Neustrukturierung und Einführung des Admiralsamtes war die organisatorische und militärische Basis zur Eroberung von Rhódos gelegt.

Kolossi wurde 1302 zum Zentrum der Johanniter auf Zypern. 1210 hatte König Hugo I. von Zypern die Stadt dem Orden zu Lehen gegeben, doch unter dessen Bruder Amalrich fiel die Burg Kolossi 1306–10 in den Besitz der Templer. Nach deren Vernichtung und der Verlegung des Hauptsitzes der Johanniter auf die Insel Rhódos blieb die Burg als Sitz einer Kommende mit großem Besitz wirtschaftlich wichtig für den Orden. Wein- und v.a. Rohrzuckerproduktion erbrachten große Gewinne: 1374 wurden aus Zypern 10.000 fl. nach Rhódos überwiesen.

Der Orden war, neben dem Königshaus, ein Zuckerproduzent unter vielen; die in Handel und Bankwesen erfolgreiche Patrizierfamilie Cornaro aus Venedig besaß beispielsweise Zuckerrohrpflanzungen auf Zypern. Neben der Burg Kolossi stand ebenfalls eine wichtige Zuckerproduktionsstätte. Die Vermarktung betrieb nicht nur der Orden: Das Handelshaus Martini in Venedig, das den Weiterverkauf des Zuckers aus königlichen Domänen betrieb, kaufte 1445 erstmals die Produktion der Komturei Kolossi zur Vermarktung auf. Ergänzend sei erwähnt, dass unterhalb des Kástro Féraklos auf Rhódos eine »Zuckerfabrik« des Ordens aus dem 15. Jh. archäologisch nachgewiesen wurde (5).

DER JOHANNITER-ORDENSSTAAT

6. Der Ordensstaat in der Ägäis.

Der Johanniter-Ordensstaat auf Rhódos und den Dodekanes (1307–1522)

Einige Jahre vor der Eroberung von Rhódos durch den Orden (6) hatte es Vorschläge gegeben, die Insel zu einem Stützpunkt im Kampf gegen die muslimische Expansion zu machen, z.B. von dem mallorquinischen Prediger und Mystiker Ramón Lull (1232–1315), der muslimische Länder bereist hatte und Arabisch sprach.[4] Um 1295 hatte er dem Papst eine Denkschrift zur Bekämpfung des Islam vorgelegt und 1305 das *Liber de Fine* veröffentlicht, in dem er seine Pläne darlegte: »Sowohl die Muselmanen als auch die schismatischen und irrgläubigen christlichen Kirchen« sollten »soweit als möglich durch gebildete Prediger für die Sache gewonnen werden«; zugleich war ein bewaffneter Kriegszug erforderlich. Sein Führer sollte ein König (*Rex Bellator*) sein und alle Ritterorden unter dem »Oberbefehl dieses Kriegs-Königs zu einem neuen Orden [...] vereinigen, der das Rückgrat des Heeres bilden sollte«. Das Heer hätte die Moslems aus Spanien zu vertreiben, nach Afrika überzusetzen und nach Tunis und Ägypten vorzudringen. Zudem schlug er den Einsatz einer Flotte vor und regte an, Malta und Rhódos wegen der guten Häfen zu erobern und dort Stützpunkte einzurichten.

Die Eroberung von Rhódos 1306–09

Es gelang dem Orden zwischen 1306 und 1309, die zum Byzantinischen Reich gehörige Insel Rhódos zu erobern und danach weitere Dodekanes-Inseln unter seine Herrschaft zu bringen, ohne ernsthaft daran gehindert zu werden. Byzanz war im frühen 14. Jh. durch die Bedrängung mehrerer Gegner geschwächt, sodass größere Militäraktionen gegen die Johanniter nicht möglich waren. Es gelang den Kaisern des größten byzantinischen Teilreiches Nikaía im Nordwesten Kleinasiens, das viele Ägäis-Inseln umfasste, nicht, Venedigs Expansion im Mittelmeergebiet zu verhindern. Schließlich suchten die byzantinischen Kaiser Hilfe bei Venedigs Feind Genua, wie Michael VIII. Palaiológos, der sich 1261 gegen das Lateinische Kaiserreich wandte und Konstantinopel zurückgewann. Er und seine Nachfolger nahmen, v.a. in der Flotte, Ausländer als Söldner in hohe militärische Ränge auf; oft erhielten sie kaiserliche Lehen. Meist handelte es sich um Italiener, vielfach aus Genua. Wichtige genuesische Verbündete des Kaisers waren Giovanni de lo Cavo, der Herrscher über Anáfi/Kykladen und Rhódos wurde, und Andrea Moresco, Nachfolger Giovannis auf Rhódos.

Um 1302 führte Byzanz das Admiralsamt ein: Der *amiralios* stand in der Militärhierarchie an dritter Stelle. Wohl 1305 erhielt der von Kaiser Andronikos II. Palaiológos ernannte, aus Genua stammende Admiral Andrea Moresco einige Inseln, nachdem Kárpathos 1304 als Lehen an Andrea und Lodovico Moresco vergeben worden war. Genuesen brachten bis A. des 14. Jh. einige Dodekanes-Inseln unter ihre Kontrolle und Andronikos geriet in die Abhängigkeit von Genua.

1306 wandte sich der Genuese Vignolo de Vignoli, der kaiserliche Lehen auf Kós, Léros und Rhódos hatte, an Meister Foulques de Villaret und schlug vor, dem Kaiser Rhódos und weitere Inseln zu entreißen. Der Orden konnte so eine neue Basis für den Kampf gegen die expandierenden muslimischen Herrschaften gewinnen.

Während der Regierung Andronikos II. gelang es den Türken unter Sultan Osman I. († 1326), die kleinasiatischen Gebiete des Byzantinischen Reiches fast vollständig zu erobern. Zu äußeren Bedrohungen des Reiches kamen innenpolitische Konflikte wie der Bürgerkrieg 1321. Kaiser Andronikos II. war 1328 zur Abdankung gezwungen. Dem Orden gab die Schwächung von Byzanz die Zeit zur Etablierung des Ordensstaates in der Ägäis.

Mit der Eroberung von Rhódos und der staatsrechtlichen Anerkennung durch den Papst 1307 konnten sich die Johanniter in der Zeit behaupten, die das Ende der Templer brachte. 1307 ließ der französische König Philipp IV. die Templer in Frankreich verhaften. Zu ihrer Anklage führte der fingierte Vorwurf der Häresie, doch der eigentliche Grund des Vorgehens gegen sie war, dass der König sich den Templerbesitz aneignen wollte. Der von Philipp abhängige Papst Clemens V. löste den Templer-Orden 1312 auf. Seine Protektion der Johanniter resultierte aus der Hoffnung auf Unterstützung durch diese. Mit der päpstlichen Bulle *Ad providam* (2.5.1312) wies Clemens V. den Johannitern die Güter der Templer zu, was zum Konflikt mit König Philipp führte, der sich nicht nur am Besitz der Templer und Juden, sondern auch an dem der Johanniter bereichern wollte.

Infolge der Zerschlagung des Byzantinischen Reiches im Vierten Kreuzzug 1204 hatte der byzantinische Gouverneur von Rhódos, Leon Gavalas, die Herrschaft über die Insel erlangt. 1248/50 gelang es Genuesen, die Stadt Rhódos zu besetzen und 1250 konnte Kaiser Ioannes Palaiologos seinem Bruder Michael Rhódos als Apanage überlassen. Um 1275 kam es zur Erneuerung der Stadtbefestigung (7) und ab 1278 erfolgten türkische Angriffe auf Rhódos. Seit der Rückeroberung Konstantinopels 1261 gehörte Rhódos nominell wieder zu Byzanz, de facto herrschten dort aber in byzantinischen Diensten stehende Genuesen. Wohl ab 1299 hatte der Papst geplant, König Friedrich II. von Sizilien mit Rhódos zu belehnen. 1305 sandte Friedrich seinen Halbbruder, den Johanniter-Ritter Sancho von Aragon, auf eine Expedition zur Besetzung verschiedener in byzantinischem Besitz befindlicher Inseln, die jedoch erfolglos blieb.[5]

Wohl E. des 13. Jh. hatten Vignolo de Vignoli und seine Neffen, die Brüder Moresco, die Inseln

7. Rhódos, Rest der byzantinischen Stadtbefestigung, teils aus antiken Säulentrommeln errichtet (© ML).

Kós und Léros als byzantinische Lehen erhalten. Dazu kam ein »Asylrecht« für de Vignoli im Hafen von Rhódos, falls er dem byzantinischen Statthalter einen Teil der Beute überließ, doch er behandelte Rhódos als frei verfügbares Eigentum, obwohl in den Kástra (zum Begriff s. S. 59ff.) der Insel kaiserliche Truppen lagen. 1306 begab sich de Vignoli nach Zypern und schlug de Villaret vor, Rhódos gemeinsam zu erobern. Der Meister suchte das Einverständnis von Papst Clemens V. Dieser billigte das Vorhaben, »*die Insel Rhódos, die unter dem Joch der Ungläubigkeit der schismatischen Griechen gedrückt ist, mit Gottes Beistand zu erwerben [...] und dort die Schismatiker wie überhaupt alle Ungläubigen zu vertreiben.*«[6] Die Könige von Frankreich und England sowie Karl II. von Neapel und Genua befürworteten die Pläne.

Mit dem am 27.5.1306 bei einem Geheimtreffen auf Zypern geschlossenen Vertrag wurden die Rechte und Pflichten de Vignolis und des Ordens, die sich »*auf gegenseitige Treue und Glauben*« zusammenschlossen, im Falle erfolgreicher Eroberung festgelegt: 2/3 »*aller Einkünfte, Erträge und Abgaben aller Inseln, die Gott uns beide Partner im Oströmischen Reich erwerben lassen wird*« sollte der Orden erhalten. Die Inseln Kós und Léros, »*die ich, Vignolus*«, dem Orden gegeben habe, »*und die Insel Rhódos, wenn Gott uns diese zum Erwerb ge-*

8. Líndos (Rhódos), Akropolis mit gotischem Palast der Johanniterzeit (© ML).

ben wird«, waren in den Vertrag nicht einbezogen, nur ein Landgut auf Rhódos, »*das mir der Kaiser von Konstantinopel geschenkt hat*«, sollte Vignolo behalten.[7]

Am 23.6. verließen zwei Galeeren mit Beibooten – an Bord 35 Ritter, sechs Abteilungen Turkopolen und 500 Fußsoldaten – Limassol; zwei Galeeren aus Genua stießen dazu. Während die Johanniter mit ihren Schiffen bei der Insel Kastellórizo warteten, fuhr Vignolo nach Rhódos, um die Lage zu sondieren. Dort war man über die Invasionspläne informiert und Vignolo entging nur knapp der Gefangenschaft.

Zwischenzeitlich war es zwei Johannitern mit 50 Mann gelungen, in einer Überraschungsaktion eine Burg auf Kós einzunehmen, jedoch konnten sie diese nicht halten.

Der Angriff auf die Stadt Rhódos misslang, doch am 20.9. besetzten die Johanniter das Kástro Féraklos auf der Insel. Im November fiel das Kástro Filérimos nahe der Stadt durch einen Verrat an den Orden. Die Besatzung, insgesamt 300 türkische Söldner, wurde getötet. Zu einer kurzen Unterbrechung der Belagerung der Stadt kam es 1307 wegen der Gefechte mit Truppen, die Kaiser Andronikos nach Rhódos entsandt hatte.

Spätestens im Oktober 1307 war das Kástro Líndos (8) unter Kontrolle der Johanniter, doch der Erfolg der Belagerung blieb aus, sodass der Orden Andronikos anbot, ihn als Lehnsherrn über Rhódos zu akzeptieren und ihm 300 Mann für den Kampf gegen die Türken zur Verfügung zu stellen, was jener ablehnte. Er sandte ein Schiff mit Hilfsgütern nach Rhódos, das vor Zypern auf Grund lief. Es wurde den Johannitern ausgeliefert und der aus Rhódos stammende, um sein Leben fürchtende Kapitän handelte – vermutlich M. 1308 – die Übergabe der Stadt an den Orden aus, unter Vorbehalt des Schutzes von Leben und Eigentum der Bewohner.

Die Stärke der bis 1275 unter byzantinischer Herrschaft erneuerten Stadtbefestigung von Rhódos, die entschlossene Verteidigung, nebst Verstärkungen aus Konstantinopel, und die geringe Stärke der Invasionstruppen bedingten, dass die Eroberung der Stadt über drei Jahre dauerte. Der Orden scheute »*sich wohl, die Befestigungen zu zerstören*« und die »*christlichen Verteidiger gegen sich aufzubringen, die schließlich zu relativ vorteilhaften Bedingungen kapitulierten*«. Der Bevölkerung wurde erlaubt, den größten Teil ihres Besitzes zu behalten und orthodoxe Kirchen weiter zu nutzen.[8]

Genuesische und Ordens-Schiffe, insgesamt etwa 26 Galeeren – an Bord Meister Villaret, 200–300 Ritter und 3.000 Fußsoldaten – erreichten Rhódos etwa im Juni 1310. Unterdessen hatte Venedig, das um seine Besitzungen in der Ägäis fürchtete, 50 Söldner geschickt, um die Johanniter von Kós abzuwehren. Villaret versicherte der Republik Venedig in einem Brief seine »*Freundschaft*«.

Bis 1312 währten die Kämpfe zur Festigung der Ordensherrschaft auf Rhódos, wo der Konvent in der Stadt seinen Sitz genommen hatte. Im April gelangte die Nachricht vom »großen Sieg der Johanniter« nach Europa. Anthony Luttrell, der beste Kenner der rhodischen Ordensgeschichte, beschrieb die Situation: Meister Foulques de Villaret »*war äußerst intelligent und raffiniert. Er und Papst Clemens V. vereitelten […] die Absichten des französischen Königs. Der Kreuzzug der Hospitaliter wurde als* passagium particulare *definiert. […] Kurzfristig sicherte sich die französische Krone einen Teil der beweglichen Güter der Templer, doch ihre größten Besitztümer flossen in die Aufstockung des Vermögens der Johanniter.*«[9]

Rhódos wurde Sitz des Ordens, dem der Besitz der Insel 1307 durch eine päpstliche Bulle bestätigt worden war. Am 15.8.1309 erfolgte die förmliche Anerkennung des Ordensstaates durch die *Jerusalemitanische Bulle* des Papstes Clemens V., doch blieb der Papst dem Orden übergeordnet. Bis zur türkischen Eroberung 1522 hatte der Ordensstaat mit dem jeweiligen (Groß-)Meister als Staatsoberhaupt Bestand. 1330 beschloss das Generalkapitel in Montpellier, dass kein Ritter berechtigt sei, einen höheren Ordensrang einzunehmen, der nicht eine Anzahl von Dienstjahren mit »*kriegerischer Betätigung*« auf Rhódos nachweisen konnte. 213 Jahre lang blieb Rhódos das Zentrum des Johanniter-Ritterordens.

Die Generalkapitel auf Rhódos veranlassten 1311 und 1314 Maßnahmen zur Sicherung und Strukturierung. Die Besatzung der Insel sollte 500 Mann Kavallerie und 1.000 Infanteristen umfassen. 1345 waren 400 Johanniter auf Rhódos, ebenso gab es auf Kós eine kleine Garnison. Zu den Streitkräften gehörten Söldner und lokale Milizen. Letztlich bestand auf Rhódos während der Ordensherrschaft immer Mangel an Militär und Siedlern, die als Wehrbauern angeworben wurden, wie 1313, als der Orden Griechen und Türken entzogenes Land auf Rhódos und anderswo als Besitz für »lateinische« Familien bot, deren Männer bereit zum Militärdienst waren. Auch Adelige, Freie und Arbeiter wurden angeworben. So erhielt die italienische Adelsfamilie Assanti von Ischia 1316 die Insel Nísyros zu Lehen.

DIE (GROSS-)MEISTER DES JOHANNITERORDENS AUF RHÓDOS

An der Ordensspitze stand der auf Lebenszeit gewählte Großmeister (*magnus magister*). Diese Bezeichnung für das Oberhaupt des Ordensstaates (ab 1307) setzte sich in den späteren Regierungsjahren d'Aubussons (1476–1505) durch.[10] Anfangs wurde das Ordensoberhaupt »Meister« genannt. Der Meister musste Erfahrungen in verschiedenen Bereichen haben: drei Jahre im Konvent, drei Jahre Kommandoerfahrung auf See und 13 Jahre in einem hohen Amt, entweder als Großwürdenträger oder als einer der obersten Verwaltungsbeamten. Bis 1377 entstammten, entsprechend der Herkunft der meisten wahlberechtigten Ordensmitglieder, die Meister häufig der provenzalischen und der französischen *Zunge*.

- Foulques de Villaret (1305–19), Provence.
- Maurice de Pagnac (1317–22), Frankreich
- Gegenmeister gegen de Villaret.
- Hélion de Villeneuve (1319–46), Provence.
- Dieudonné de Gozon (1346–53), Provence.
- Pierre de Corneillan (1354–55).

- Roger de Pins (1355–65), Provence.
- Raymond Bérenger (1365–74), Provence?
- Robert de Juilly (1374–77).
- Juan Fernandez de Heredia (1377–96), Kastilien.
- Riccardo Caracciolo (1383–95), Italien.
- Philibert de Naillac (1396–1421).
- Antoine de Fluvian (1421–37), Aragon.
- Jean (Bonpart) de Lastic (1437–54), Auvergne.
- Jacques de Milly (1454–61), Auvergne.
- Pedro Raymond Zacosta (1461–67), Aragon.
- Giovanni Battista degli'Orsini (1467–76), Italien.
- Pierre d'Aubusson (1476–1505), Auvergne.
- Emery d'Amboise (1505–12), Frankreich.
- Guy de Blanchefort (1512–13), Auvergne.
- Fabrizio del Carretto (1513–21), Italien.
- Philippe Villiers de l'Isle-Adam (1521–34).

Festigung der Herrschaft

1311/12 und 1318/19 erfolgten türkische Angriffe auf Rhódos, doch der Orden festigte seine Herrschaft über die Insel bald, unter anderem mithilfe der Flotte. Nach der Eroberung von Rhódos folgte die Inbesitznahme weiterer Inseln der Dodekanes, wobei nicht in jedem Fall bekannt ist, welche Insel wann an den Orden gelangte oder ob er dort überhaupt Herrschaft ausübte, wie im Falle der Insel Astypálaia (9). Es gelang den Johannitern bald, die Insel Kós und einige Burgen auf dem Festland einzunehmen.[11] Kós ging dem Orden von ca. 1319–37 verloren.

Kárpathos und Kásos hielt der Orden nur kurz: Kaiser Andronikos II. hatte die Inseln den Genuesen Andrea und Lodovico Moresco zu Lehen gegeben, doch nahm der auf Kreta ansässige Andrea Cornaro

9. Astypálaia (Astypálaia). Die Burg wurde im Spätmittelalter von Venezianern ausgebaut (© ML).

beide 1306 ein. 1309 scheiterte Lodovicos Versuch, Kárpathos zurückzuerobern. Als Andrea I. Cornaro Kárpathos seinen Söhnen Alessio I., Marco I. und Giovanni I. überließ, nutzte 1313 Meister de Villaret die Situation und besetzte Kárpathos und Kásos. Venedig intervenierte, der Orden beugte sich einem Schiedsgerichtsurteil und zog sich 1315 von Kárpathos zurück. Über Baumaßnahmen an Burgen auf Kásos und Kárpathos sowie den vorgelagerten Inseln, etwa der befestigten Insel Sokástro, gibt es keine Erkenntnisse.

Meister Foulques de Villaret unterwarf türkische Emirate in Kleinasien, störte Handelsrouten Genuas und Venedigs und handelte entgegen päpstlicher Verbote mit dem mamlukischen Ägypten.[12] Zunehmend gerierte er sich als Souverän, vernachlässigte dann allerdings seine Pflichten, bis ihm schließlich Despotie und Korruption vorgeworfen wurden. Nach einem misslungenen Mordanschlag floh de Villaret 1317 ins Kástro Líndos, wo er belagert wurde. Es kam zur Wahl eines Gegenmeisters. Beide Parteien wandten sich an den Papst, der Villaret als Meister bestätigte und zur Abdankung veranlasste. 1319 wurde Hélion de Villeneuve zum Meister gewählt.

Währenddessen kam es zu feindlichen Aktionen der Türken, gegen die der Großpräzeptor des Ordens Albert v. Schwarzburg 1318/19 militärische Erfolge erzielte. Auch eroberte er die Ordensburg auf Léros (10) zurück, deren Besatzung aufständische Griechen getötet hatten. 1320 gelang es einer Flotte unter seiner Führung zusammen mit genuesischen Einheiten, einer 80 Schiffe umfassenden türkischen Flotte und einer großen gegen Rhódos ziehenden türkischen Armee erhebliche Verluste zuzufügen. Zwar gab es in der Folge wiederholt Berichte über Rüstungen gegen Rhódos, so 1325, doch blieben ernsthafte Angriffe auf die Insel bis in die 1440er Jahre aus.

Um seine Position zu festigen und seine Aufgabe, den Kampf gegen die aus der Sicht der Johanniter »Ungläubigen«, fortzuführen, unternahm der Orden im 14. Jh. Angriffe auf muslimische Städte und Burgen an den kleinasiatischen und nordafrikanischen Küsten. Der türkische Emir Umur Pascha von Aydin, ansässig in Palatiá (Milet), dessen Flotte Raubzüge in der Ägäis und gegen das griechische Festland unternahm, beabsichtigte E. der 1320er Jahre die Stadt Smyrna zu besetzen, doch der Orden und seine Verbündeten waren nicht in der Lage, gegen ihn vorzugehen. Ebenso unterblieb die vom Papst 1332 erwartete Besetzung der »Burgen« Sechin und Antiochia Parva an der Küste Kilikiens durch den Orden, da deren Verteidigung durch die Armenier nicht mehr gewährleistet war. Umur griff 1332 Gallipoli und die Insel Évia an. Kleinere Gegenschläge einer christlichen Liga 1334 bewirkten wenig.

Um 1337 gelang es den Johannitern, Kós endgültig einzunehmen. Rhódos sollte nach dem Willen des Papstes und des Ordens Ausgangspunkt neuer Kreuzzüge werden.

Nach einem gewonnenen Seegefecht nördlich von Évia erfolgte 1344 die Eroberung der Stadt Smyrna durch eine christliche Liga, der die Johanniter angehörten. Auf Anordnung des Papstes sandten die Johanniter 1347 Hilfe ins kilikische Armenien, doch 1351 folgten sie einer weiteren Anordnung zur Unterstützung nicht. Auch als 1375 die Gefahr des Zusammenbruchs des von Türken und Mamluken bedrohten armenischen Königreichs Kilikien absehbar war, griff der Orden anscheinend nicht ein.

Als Johanniter 1351 die Burg Karystós/Évia besetzten und damit venezianisches Interessensgebiet verletzten, kam es zu Spannungen mit Venedig.

Die Ordensflotte unternahm öfter Angriffe auf Kleinasien und Ägypten mit der Flotte des Königs von Zypern: 1365 nahmen Johanniter, Zyprioten und Venezianer in einem Überraschungsangriff die Stadt Alexandria/Ägypten ein, zerstörten diese und die ägyptische Flotte. 1366/67 waren türkische Stützpunkte in Kilikien Ziele der Johanniter und des Königs Peter von Zypern, der 1367 Plünderungen an Syriens Küste veranlasste.

Als große Militäraktion war M. der 1370er Jahre ein Kreuzzug (*passagium*) *ad partes Romaniae* (in Teilen des Byzantinischen Reiches) geplant. 1375 wurden gut 400 Ordensritter, jeweils mit einem Knappen, einberufen. Der Orden verpachtete und

10. Insel Léros. Die Ordensburg Kástro tís Panajías (© ML).

verkaufte Ländereien, um Geld für das Vorhaben einzunehmen; zudem wurden 24.500 fl. beim Bankhaus Alberti in Florenz aufgenommen.

Besitzungen außerhalb der Dodekanes

Im Laufe der Zeit gewann der Orden Stützpunkte außerhalb der Dodekanes, darunter Brückenköpfe an der Küste Kleinasiens, Besitzungen auf den Kykladen und der Insel Ikaría, zudem gab es im 14. Jh. den Versuch, die Peloponnes zu kaufen. Auf fünf Jahre pachtete der Orden 1377 das Fürstentum Achaía von Königin Johanna I. von Neapel. Der Johanniter-Baili Daniel del Carretto übernahm das Kommando über die lateinische Morea (Peloponnes). In Westgriechenland hatte der Orden um diese Zeit die Stadt Vónitsa am Golf von Arta übernommen; sie war ihm von Maddalena de Buondelmonti, der Witwe Herzog Leonardos I. Tocco von Levkás, Graf von Kefallonía, als Statthalterin überlassen worden. 1378 wurden bei Kämpfen in Westgriechenland mehrere Johanniter getötet, andere, darunter Meister de Heredia, gefangengenommen. Schon 1378 wurde der Vertrag über Achaía aufgehoben.

Spätestens in den 1380er Jahren war die Insel Kastellórizo unter Kontrolle des Ordens. Ihre Lage dicht vor der kleinasiatischen Küste, 135 km entfernt von Rhódos, hatte zur Folge, dass sie öfter angegriffen und besetzt wurde. Um die M. des 15. Jh. ging sie dem Orden, der dort Befestigungen

11. Miliopó (Ikaría), Palaiókastro. Blick über das Innere des Kástro auf eines der flankierenden spätmittelalterlichen Werke (© ML).

DER JOHANNITER-ORDENSSTAAT

12. Insel Tílos. Die im Kern byzantinische Burg Agriosykía über der Bucht von Livádia (© ML).

hielt, verloren. Ob die 5 km von Kastellórizo entfernt gelegene Insel Ró mit der im Kern antiken Burg (heute griechischer Militärstützpunkt) vom Orden besetzt war, ist ungewiss.

1405 planten die Johanniter, die an der Zufahrt zu den Dardanellen gelegene Insel Ténedos auf eigene Kosten zu befestigen – die Umsetzung unterblieb –, und auf der zwischen Mýkonos und Sámos gelegenen Insel Ikaría war der Orden wohl seit 1481 präsent (11).

Über längere Zeit, wenn auch nicht in allen Fällen durchgängig während der ägäischen Ordensherrschaft, gehörten die Inseln Alimía, Chálki, Kálymnos, Kastellórizo (mit Ró?), Kós, Léros, Nísyros, Psérimos, Rhódos, Sými (mit Séskli und Nímos?), Télendos und Tilos – mit kleineren vorgelagerten, teils mit Burgen und Befestigungen besetzten Inseln – zum Ordensstaat. Die in der Literatur vereinzelt vertretene Auffassung, neben Rhódos, Kós, Léros und Kálymnos seien die Dodekanes-Inseln »unbedeutende Eilande« gewesen, ist falsch: So war die fruchtbare Vulkaninsel Nísyros für den Orden ebenso wichtig wie die vor der kleinasiatischen Küste gelegene Insel Sými mit ihren guten Hafenbuchten – solche bietet auch die Insel Tílos, auf der die große Zahl von Befestigungen auffällt (12) – oder Alimía und Chálki am Seeweg nach Kreta.

Brückenköpfe auf dem kleinasiatischen Festland

In Urkunden der Johanniter finden sich Hinweise auf Burgen und Befestigungen im Gebiet der heutigen Türkei, die der Orden zeitweise hielt. Öfter sind es Hinweise ohne Nennung einzelner Objekte wie folgende Worte in einer Urkunde von 1340: »*fortis-*

simum in Turchia parvum habent castrum«. Hingegen ist die Geschichte des 58 Jahre lang gehaltenen Brückenkopfes Smyrna gut erforscht, und im Falle der Festung St. Peter, die über 100 Jahre lang im Besitz des Ordens war, ist die Baugeschichte nachvollziehbar.

Smyrna (1344–1402)
1344 eroberten Truppen einer christlichen Liga (Johanniter, Papst, Zypern und Venedig) die Stadt Smyrna (heute Izmir) an der Westküste Kleinasiens im Emirat des Umar von Aydin: Als Umar, zu dessen Emirat die Stadt Smyrna mit ihrem guten Hafen gehörte, eine Flotte für Kaperfahrten bauen ließ, handelte die Liga präventiv. Ihre Flotte unter dem Oberbefehl Heinrichs von Asti, des lateinischen Patriarchen von Konstantinopel, besiegte am Himmelfahrtstag 1344 die Flotte des Emirs vor dem Hafen. Die Liga eroberte Smyrna nach kurzem Kampf am 28.10. nebst der Hafenburg – der Emir traf mit dem Entsatz zu spät ein. Die über der Stadt stehende Burg blieb türkisch. Beim Versuch, sie im Januar 1345 zu erobern und ins Landesinnere vorzudringen, fiel Heinrich v. Asti. Truppen des Emirs belagerten bzw. blockierten nun die Christen in der Hafenburg. Trotz des Erfolges einer christlichen Flotte über türkische Verbände vor den Dardanellen, wo im April 1347 über 100 türkische Schiffe zerstört worden sein sollen, änderte sich nichts an der Situation in Smyrna, zumal die christliche Liga uneins über Zuständigkeiten bei der Verteidigung und beim Unterhalt der Stadt war; alle Beteiligten verfolgten eigene Interessen. Genua besetzte die Insel Chíos und Venedig stritt mit dem Orden über Zölle in Rhódos.

Der Papst ernannte jeweils den Oberbefehlshaber Smyrnas: 1345 berief er den Johanniter de Biandrate, Prior der Lombardei, zum *capitaneus armatae generalis*.

Im November 1346 kam es zu Friedensverhandlungen mit lokalen türkischen Machthabern, die darauf abzielten, für die Zusage von Handelskonzessionen in Smyrna und Altoluogo die Hafenburg von Smyrna zu schleifen, doch erst nachdem Umur 1348 bei einem Angriff auf Smyrna gefallen war, wurde 1350 vertraglich festgelegt, dass die Stadt beim Orden, die Burg Kadifekale oberhalb der Stadt hingegen in türkischem Besitz bleiben sollte. Der Orden beschloss am 11.8., jährlich 3.000 fl. zum Unterhalt der Garnison in Smyrna und drei Galeeren zum Schutz der Seewege zur Verfügung zu stellen.

Die Liga zerbrach 1353 nach dem Zerwürfnis zwischen Genua und Venedig, doch nach dem Friedensschluss der beiden Städte 1356 kam es zu deren Erneuerung. Eigentlich war nach der Übernahme Smyrnas durch die Liga vertraglich vereinbart worden, dass die päpstliche Kurie, Venedig, Zypern und der Orden sich die Kosten der Besetzung der Stadt, jährlich 12.000 fl., teilen. Venedig und Zypern zahlten aber nicht und die Kurie zog sich nach und nach aus ihrer Pflicht zurück.

Der 1359 auf acht Jahre zum *capitaneus* berufene Johanniter Niccolò Benedetti sollte die Stadtmauer erneuern und mit Türmen befestigen lassen sowie 150 lateinische Söldner und zwei Galeeren zum Schutz zur Verfügung halten. Der Papst erlaubte zwei Galeeren und ein weiteres Schiff zum Handel mit Alexandria, um die für die vorgesehenen Maßnahmen erforderten Finanzen zu erwirtschaften. Außerdem sollten Benedetti und seine Brüder das Land, das sie eventuell eroberten, behalten dürfen. 1359 kam ein päpstlicher Legat, der Karmeliter Pierre Thomas aus der Gascogne, nach Smyrna, um weitere Maßnahmen zur Sicherung und Verteidigung der Stadt zu organisieren. Es gelang ihm, die in Altoluogo (Ephesos/Selçuk) ansässigen Türken tributpflichtig zu machen.

1363–71, als der Genuese Pietro Racanelli von Chíos *capitaneus* war, teilten sich die Johanniter und der Papst die jährlichen Kosten von 6.000 fl. für die Verteidigung Smyrnas. Ab 1374 bürdete der Papst dem Orden, trotz dessen Einspruchs, die alleinige Verantwortung auf. Zuvor hatte der 1371 berufene *capitaneus* Ottobono Cattaneo, ein Genuese von Rhódos, seine Pflichten für die Stadt stark vernachlässigt.

Um 1381 stand es schlecht um Smyrna; es gab Probleme, Söldner zu bezahlen. Es wurden Wehranlagen verstärkt und unzuverlässige Söldner entlassen. 1389 beschädigte ein Erdbeben die Stadt-

DER JOHANNITER-ORDENSSTAAT

13. Smyrna (Türkei). Im Vordergrund die Hafenburg St. Peter, auf dem Berg über der Stadt die Burg Kadifekale (Lupazzolo: Isolario, 1638).

befestigung. Trotz des schlechten Verteidigungszustandes gelang es dem Orden, die Stadt mit der Hafenburg (13) bis 1402 zu halten, als Timur-i Läng Smyrna einnahm und zerstörte.

1402 waren 200 Kämpfer der Johanniter unter dem Befehl des aragonesischen Ordensritters Iñigo de Alfaro in Smyrna präsent. Admiral Buffilo Panizzatti war geschickt worden, um die Verteidigungsanlagen verstärken zu lassen, doch Timur, der mit Belagerungsgerät angriff, Mauern unterminieren und die Hafenzufahrt mit Steinen blockieren ließ, gelang es, die Stadt nach 15 Tagen einzunehmen. Einige Johanniter flohen daraufhin über das Meer, christliche Bewohner und Flüchtlinge in der Stadt wurden massakriert, die Befestigungen geschleift.

Für den Neuaufbau der »Burg« hätte der Orden 100.000 fl. benötigt. 1407 sandte der Meister drei Galeeren nach Smyrna und veranlasste den Bau eines großen Turmes, doch der osmanische Sultan Mehmet I. ließ die neue Befestigung vor 1408 wieder niederreißen. Wegen der Zerstörungen ist über die Ausbauten der Stadt und der Hafenburg durch die Johanniter kaum etwas bekannt. Als Ersatz für den verlorenen Brückenkopf Smyrna erbaute der Orden bald darauf die Burg St. Peter/Bodrum.

Es hatte während der Jahre, in denen der Orden in Smyrna präsent war, Versuche des Papstes gegeben, den Orden zu nötigen, seinen Sitz dort zu nehmen. In einem Breve (14.10.1355) drohte Papst Innocenz VI. Meister de Heredia, den dem Orden übergebenen Templerbesitz einzuziehen und einem neu zu gründenden Ritterorden zu überlassen. Der Papst wies die Ritter darauf hin, »dass so grosse zeitliche Güter, die Ihr durch die huldvolle Schenkung der Kirche und durch die fromme Freigebigkeit der Gläubigen besitzt Euch verliehen worden sind, nicht damit sie in Rhódos verzehrt und damit dessen Mauern zwecklos bewohnt würden, sondern um einen hartnäckigen Krieg gegen die gottlosen Feinde des Glaubens zu führen.«[13] Karl Herquet glaubte aus der »Haltung des Breve« zu erkennen, »dass der intellectuelle Urheber desselben Heredia«, der spätere Meister, war.[14] Indem er den Papst, dessen Günstling er war, bewog, dem Orden zu drohen, habe er versucht, zu bewirken, dass Rhódos als Ordenssitz aufgegeben wird, auch weil die Peloponnes sich als neues Zentrum des Ordensstaates anzubieten schien.

St. Peter/Bodrum (1407/08–1522)

Als Ersatz für den verlorenen Brückenkopf Smyrna wurde die Burg St. Peter gegenüber der Ordensinsel Kós erbaut. Einige Historiker vermuteten, sie sei 1400/02 unter Meister Philibert de Naillac anstelle einer älteren, unter seiner Führung eroberten, erbaut worden. Er soll mit einer aus allen zur Verfügung stehenden Schiffen zusammengestellten Flotte nach Bodrum gefahren sein, die Soldaten, Kriegsgerät und Baumaterial transportierte: »Da liess der Grossmeister alles, was zum Bau einer grossen Burg gehört, Quadersteine, Holz, Fachwerk, Kalk u.s.f. zu Rhódos herrüsten«.[15] Nach Forschungen Anthony Luttrells ließ de Naillac die Burg jedoch ab 1407/08 als Ersatz für Smyrna erbauen. Dafür spricht auch der Name der Burg St. Peter: Die verlorene Hafenburg von Smyrna trug ebenfalls diesen Namen.

Die Burg St. Peter entstand auf der Halbinsel, die den Hafen von der weiträumigen Bucht von Bodrum trennt (14). Ein Teil des Baumaterials der im Laufe von ca. 120 Jahren zur Festung ausgebauten Burg wurde dem Grabmal des Fürsten Mausolos II. (377–53 v. Chr.) entnommen, dem als eines der Sieben Weltwunder gerühmten Mausoleum von Halikarnassos. Die Festung zeigt fast alle für den Wehrbau des Ordens prägenden Elemente; sie steht für die geschichtliche Entwicklung des Ordens und seiner Baukunst am Übergang vom Mittelalter zur Neuzeit.

Von Bodrum – so der türkische Name für das von den Griechen Petroúnion genannte St. Peter – und der gegenüberliegenden Inseln Kós aus konnte der Orden die Küstenschifffahrt vor der Westküste Kleinasiens kontrollieren. Als gefährdeter Außenposten verfügte St. Peter über eine eigene Flotte.

In den 1460er Jahren wurde Kós vom Orden militärisch zugunsten der Verstärkung von St. Peter geräumt. 1480 sollen türkische Truppen, die von der erfolglosen Belagerung der Stadt Rhódos zurückkehrten, einen Versuch zur Eroberung der Burg unternommen haben. Mit dem Fall von Rhódos ging diese 1523 an die Osmanen.

Wie wichtig St. Peter für den Orden war, belegt der Beschluss des Generalkapitels 1428, der deutschen *Zunge* die Würde eines Großbailli zuzuerkennen, zu dessen Aufgaben die jährliche Inspektion und *»die höchst notwendige Bewachung unseres Schlosses St. Peter, das auf dem Gebiet türkischer Herrschaft liegt«*, gehörte. *»Diese Festung verkörpert [...] einen Gutteil der Ehre und Zierde unseres Ordens, denn es kommt oft vor, daß sich Christen aus der Sklaverei dorthin retten und ihre Freiheit wiedergewinnen. Dieses Schloß scheint des öfteren eine Revision nötig zu haben, die sich auf Löhnung und Bewaffnung der dort stationierten Soldaten und auf die Munitionsvorräte erstreckte. Aus diesen Gründen ordnen wir im Hinblick auf die große Wichtigkeit [...] an, daß der [...] Vorsteher der [...] verehrlichen Zunge von Deutschland, oder sein Stellvertreter [...] verpflichtet sein soll, jährlich mindestens einmal oder wie oft es die Notwendigkeit erfordert, persönlich das Schloß zu visitieren.«*[16]

14. Bodrum (Türkei), Festung St. Peter (© ML).

Bei Einsetzung des Kapitäns der Garnison von St. Peter wurde auf besondere Befähigung geachtet, auf *»Reife des Alters«*, militärische Erfahrung und v. a. die Erfahrung im Umgang mit Geschützen und Wurfmaschinen.[17]

St. Peter setzte sich aus der Burg und der befestigten Zivilsiedlung zusammen. In Zeiten der Gefahr, so 1488, war es Johannitern und Söldnern untersagt, den Stützpunkt zu verlassen und sich auf osmanisches Hoheitsgebiet zu begeben. Rund 100 Söldner, die zwischen 16 und 60 Jahre alt sein durften, waren hier stationiert. Von 1459 ist eine Anweisung bekannt, nach der die Besatzung 50 Ordensbrüder auf *caravana*, 100 Söldner mit je zwei Armbrüsten und 18 weitere Kämpfer umfassen sollte, wobei diese Soldaten mehr Sold erhielten als jene anderer Befestigungen. Drohte Krieg, konnte die Besatzung verstärkt werden: 1470 erhielt der Kommandant 300 Söldner, größere Getreidevorräte, Baumaterial und Munition gestellt. Große Ausgaben hatte der Orden für Verstärkungen der Befestigung.

Der Stützpunkt Akrokorinth bei Korinth auf der Peloponnes (1400/04)

Die auch *Morea* genannte Peloponnes ist die südlich an das griechische Festland anschließende, im Osten von der Ägäis, im Westen vom Ionischen Meer begrenzte Halbinsel. Hier war nach der 1204 auf den Vierten Kreuzzug folgenden »fränkischen« Eroberung das aus zwölf Baronien bestehende Fürstentum Morea entstanden, und Venedig hatte sich wichtige Küsten- und Hafenorte gesichert. Byzanz hielt die Befestigungen Akrokorinth und Monemvasiá noch einige Jahre. Im 14. Jh. gelang es dem Despoten von Mistra, die Barone aus Morea zu vertreiben.

Schon 1356/57 hatte es Überlegungen im Orden gegeben, sich in Griechenland, wo man einzelne Besitzungen hatte, einen neuen Sitz zu schaffen, da der Unterhalt von Rhódos teuer war und das griechische Festland bessere Versorgungsmöglichkeiten bot. Hinzu kam die Notwendigkeit, den mit Verwüstungen verbundenen türkischen Überfällen auf die Peloponnes Einhalt zu gebieten. Im Blick stand das Fürstentum Achaía, möglicherweise Korinth, das der aus dem Hause Anjou stammende Herrscher von Achaía 1358 schließlich Nicholas Acciaiuoli überließ.

In der Amtszeit des Meisters Juan Fernandez de Heredia (1377–96) kam es zu Konflikten mit Papst Innocenz VI. Es bestand die Möglichkeit der Verlegung des Ordenssitzes in den Brückenkopf Smyrna oder auf die Peloponnes, die sich als Sitz des Ordensstaates anbot, um von dort aus die türkische Expansion in Richtung Adria und Italien bzw. Rom ganz im Interesse des Papstes aufzuhalten.

Im Südosten der Peloponnes war nach Verdrängung der »Franken« das Despotat Mistra entstanden, dessen Herrscher Manuel wurde, ein Sohn des

15. Korinth (Peloponnes), Akrokorinth (© ML).

byzantinischen Kaisers Johannes Kantakuzenos. Im Südwesten der Halbinsel war Venedig präsent, das die Hafen- und Festungsorte Modon und Koron hielt. Der Deutsche Orden und die Johanniter hatten auf der Peloponnes Besitzungen und es gab die Johanniter-Komturei *Morea*. Das Fehlen einer Zentralgewalt und die politische Zersplitterung in der Morea veranlassten wohl de Heredia den Versuch zu unternehmen, die Peloponnes zu erwerben. 1399 begannen Verhandlungen mit dem Despoten Theodoros. Sie scheiterten am Widerstand der Griechen und ihrer Führer.

Zeitweise saß der Orden auf Akrokorinth. Im 15. Jh. gab es Kämpfe zwischen Venedig und dem Osmanischen Reich um den Besitz der Peloponnes, nachdem Türken 1397 und 1399 dort eingedrungen waren. Die Johanniter besetzten 1397 Korinth, um einen Beitrag zur Verteidigung des Despotats Mistra zu leisten. Mit dem Despoten wurden 1399 Verhandlungen über die mögliche Besetzung der strategisch wichtigen Stadt Megára durch den Orden geführt. Ebenso wurde über die Unterstützung bei der Anlage von Befestigungen auf dem Isthmus von Korinth (Hexamilion) zur Abwehr türkischer Angriffe verhandelt.

Antonio Acciaiuoli, der 1403 den Venezianern Athen entrissen hatte, griff mit Truppen aus Athen, Theben und Megára sowie türkischen Verbündeten die Johanniter in Korinth an. Zu jener Zeit sicherte ein Vertrag, den christliche Machthaber mit den Osmanen geschlossen hatten, dem Orden die Grafschaft Salona mit Lamía und der Burg Zetoúnion nördlich des Golfs von Korinth. Von der Morea zogen sich die Johanniter zurück und 1404 besetzte Theodoros Salona.

Südlich der antiken Stadt Korinth erhebt sich der mächtige, 575 m hohe Berg Akrokorinth, der bereits in der Antike starke Befestigungen trug. Aufgrund seiner »landschaftsbeherrschenden« Lage wurde er bis in die Frühe Neuzeit immer wieder neu befestigt. Der Despot von Mistra überließ Akrokorinth 1400/04 den Johannitern (**15**). 1458 erfolgte die türkische Eroberung. Der Hauptbering verläuft entlang der Felskante mit einzelnen flankierenden Bauten aus verschiedenen Zeiten. Besonders gesichert ist der Zugangsbereich im Westen, mit mehreren Zwingern, die einem Ringmauerabschnitt mit hellenistischen Türmen (4. Jh. v. Chr.) vorgelegt wurden; dessen Türme und Kurtinen erfuhren mehrfach Veränderungen, so im 10./12. Jh. durch die Byzantiner und zuletzt zur Artillerieverteidigung im 17. Jh. Unterhalb liegt eine als Geschützplattform ausgebildete Kurtine, die, zumindest im Kern, auf die Johanniter zurückgehen könnte; die äußerste Verteidigungsanlage bilden ein Graben aus venezianischer und eine Wehrmauer aus fränkischer Zeit (14. Jh.?), die nach türkischen und venezianischen Zerstörungen Veränderungen erfuhren. Dahinter verläuft eine teils byzantinische Mauer. An die innere Mauer schließen sich die Reste einer vom 15. bis zum 18. Jh. bestehenden Siedlung an.

Stützpunkte auf Ägäis-Inseln außerhalb der Dodekanes

Kykladen: Délos und Rheneía

Délos liegt 10 km sw von Mýkonos. Den Namen Délos trägt heute auch die in der Antike Rheneía genannte westlich benachbarte Insel: Nach ihrer Größe werden die Inseln auch *Mikrá Délos* (Délos, 3,6 km²) und *Megáli Délos* (Rheneía, 17 km²) genannt. In der Antike war Délos ein Zentrum der Apollo-Verehrung und eine der bedeutendsten Kultstätten des Altertums. In der Forschung stieß die mittelalterliche Geschichte der Insel, die der Orden ab 1333 für kurze Zeit in Besitz hatte, auf wenig Interesse.

Zentrum der antiken Bauten war das Apollonheiligtum, im Süden lag die hellenistische Stadt und auf dem Kýnthos ehemals eine karische Siedlung – er war wohl auch Standort einer Johanniter-Burg. Zwar suchte ein französischer Gelehrter diese in der 1. H. des 19. Jh. auf Rheneía – es ist möglich, dass der Orden auch dort eine Befestigung besaß –, doch der Archäologe Ludwig Ross entdeckte 1841 Reste der mittelalterlichen Burg auf dem Kýnthos. 1873 begannen Franzosen mit Ausgrabungen, die zum Verlust der Johanniter-Burg führten. Dazu Ross: »*Auf dem Gipfel* [...] *finden sich zerstreute Reste eines Tempels* [...]; *und aus diesen Trümmern*

DER JOHANNITER-ORDENSSTAAT

und aus Granitquadern war hier im Mittelalter, wie es scheint, eine Festung erbaut worden, deren Ringmauern die Plateform des Kynthos einschlossen. Vielleicht war dies die Burg der Johanniterritter, deren [der Geschichtsschreiber] *Nikephoros Gregoras Erwähnung thut.*«[18]

Nordostägäische Inseln: Ikaría

1191 erhielten Siccardo Beationo aus Venedig »*und seine Nachfolger*« Ikaria von Byzanz zu Lehen. Die als Lehensnehmer folgenden Feudalherren der Insel gaben sich offenbar den Titel »Barone von Ikaria«. 1362–1481 bezeichneten sich Angehörige der Kauffahrerfamilie Arangio Giustiniani aus Genua »Grafen von Ikaria«. Sie riefen angeblich den Orden gegen die zunehmende Piratengefahr zu Hilfe. Die Johanniter sollen sich 1521 »*vor den herannahenden Osmanen zusammen mit den letzten [...] genuesischen Grafen*« zurückgezogen haben.[19] Die Insel fiel 1523 ans Osmanische Reich.

Wo die Johanniter auf Ikaría ansässig waren, ist unbekannt. Eine frühe Bildquelle ist Buondelmontis Inselkarte, die drei Befestigungen zeigt: Im Osten steht ein viereckiger, als *fanari* bezeichneter Turm – eine Abbreviatur der noch genutzten hellenistischen Burg (*Pýrgos*) von Drákanon (16). Zudem sind zwei namentlich nicht benannte Burgen zu sehen; eine im Westteil der Insel, eine nnö der Inselmitte. Vermutlich war der Orden nur auf den wichtigsten Burgen und Befestigungen der Insel präsent,[20] so auf dem im Kern byzantinischen *Palaiokastro* über Miliopó (11).

16. *Pýrgos bei Drakanon (Ikaría). Die hellenistische Burg wurde noch im Mittelalter genutzt; der runde Hauptturm, wohl 4. Jh.v.Chr. (© ML).*

Der Orden in der Defensive: Angriffe auf Rhódos und den Ordensstaat vor 1480

Schon für die Zeit um 1428, als der Orden mit den Mamluken, die 1426 auf Zypern gelandet waren, einen Waffenstillstand schloss, konstatierte Anthony Luttrell, dass dieser nun nicht viel mehr als die Verteidigung seiner Inseln, einen mäßigen Widerstand gegen Mamluken und Türken und die gelegentliche Teilnahme an »*lateinischen Kreuzzugsunternehmungen*« leisten konnte.[21] Nach den Expansionsversuchen im 14. Jh. und dem Gewinn des Brückenkopfes St. Peter um 1407/08 wuchs ab den 1440er Jahren die Gefahr muslimischer Angriffe auf die Besitzungen des Ordens, der seinen Staat nun gegen Mamluken und das expandierende Osmanische Reich verteidigen musste. Kastellórizo ging verloren: 1440 war die Insel von Mamluken erobert worden, 1450 sprach der Papst sie, trotz Protests des Ordens, König Alfons V. von Neapel zu.

Osmanen: M. des 13. Jh. verdrängten Mongolen die Türkenstämme in Richtung Kleinasien. Seldschuken unterwarfen Persien, Mesopotamien, Anatolien, Syrien und Teile des byzantinischen Reiches, jedoch führten Familienfehden und Bürgerkrieg zum Ende ihres Reiches. Zahlreiche Kleinfürstentümer entstanden, darunter das osmanische Emirat. Das spätere Osmanische Reich führt seinen Namen auf den Emir Osman (1281[?]–1326) zurück, einen Glaubenskrieger des Islam, der sich vom »*Häuptling eines unbedeutenden Hirtenstammes*« zu einer »*Art Kondottiere*« entwickelte, dem auch Krieger benachbarter Stämme zuliefen.[22] Aus dem 1.500 km² großen Emirat eines Stammesfürsten wurde ein 18.000 km² großer Staat.

Osmans Sohn Orhan (1326–60) setzte die Eroberungen fort. Er richtete sich u.a. gegen Byzanz, dem er wichtige Städte entriss. 1354 folgten die Einnahme von Gallipoli und die Inbesitznahme großer Teile der Nordküste des Marmarameeres. Konstantinopel war von seinem Hinterland isoliert. Schließlich hinterließ Orhan, der den Titel »Sultan« führte, ein 75.000 km² großes Fürstentum. Sein Nachfolger wurde sein Sohn Murat I. (1360–89), der die Eroberungen auf dem Balkan ebenfalls fortsetzte. 1361 fiel die zweitwichtigste byzantinische Stadt, Adrianopel (Edirne), die Murat I. zu seiner Residenz erkor. Byzanz wurde tributpflichtig, war aber wegen seiner starken Befestigung vorerst uneinnehmbar.

Papst Urban V. fand zu jener Zeit für seine Kreuzzugspläne keine Unterstützung bei den europäischen Mächten. 1371 wurden die Serben von einem Heer Murats geschlagen und in den 1380er Jahren fielen Thessaloniki und Sofia. Während oder kurz nach der für ihn erfolgreichen Schlacht auf dem Amselfeld, wo er 1389 ein serbisch-bosnisch-bulgarisch-albanisches Heer besiegte, wurde Murat von einem serbischen Soldaten erstochen. Erst jetzt schienen einige europäische Herrscher zu bemerken, welche Gefahr Europa von der aufstrebenden Großmacht drohte. Erneut dachte man an Kreuzzüge gegen die Türken, die weite Teile Europas bedrohten.

Sultan Bayezit I. *Yildirim* (»der Blitz«; 1389–1402) setzte die Eroberungspolitik in Europa und Anatolien fort. Es gelang ihm 1391/92, das mächtigste Emirat Westanatoliens, Aydin, sowie die übrigen Emirate der Region seiner Herrschaft einzugliedern. Danach wandte er sich gegen Byzanz. Der Sultan plante, Konstantinopel zu erobern; infolge des Kreuzzuges gegen die Osmanen um 1396 wurde die Belagerung 1401 aufgegeben. Die Johanniter waren mit einem Truppenkontingent und Schiffen beim Kreuzzug vertreten, der in der Schlacht von Nikopolis mit der vernichtenden Niederlage der Kreuzfahrer endete.

Bayezit war sofort in andere Kriege verwickelt. Ende Juli 1402 wurde sein Heer in der Schlacht von Ankara geschlagen und er geriet in die Gefangenschaft Timurs, der den von den Osmanen okkupierten Emiraten Selbständigkeit gewährte. Das Osmanische Reich erholte sich bald, seine »zweite Periode« (1413–1566) brachte die größte Ausdehnung. Sultan Mehmet II. *Fatih* (»der Eroberer«; 1451–81), der Begründer der türkischen Großmacht, wurde für den Orden ein gefährlicher Gegner. 1453 eroberte er Konstantinopel, dann den Balkan. Sein Herrschaftsgebiet reichte schließlich von der Adria bis Persien. Nun galt es, die wegen ihrer Lage wichtige Insel Rhódos zu besetzen und die Ordensflotte auszuschalten, da sie Schifffahrtswege des Osmanischen Reiches gefährdete.

Die christlichen europäischen Herrscher waren nach dem Fall Konstantinopels alarmiert, doch es geschah wenig zur Abwehr der türkischen Aggression: Venedig hatte sich auf einen Frieden mit dem Sultan eingelassen und Herrscher einiger Ägäis-Inseln hielten sich durch Tributzahlungen.

Ein Hinweis auf Bauarbeiten in Rhódos kurz nach Mehmets Thronbesteigung findet sich in der Kommende Basel/CH, die 1452 von der Stadt Basel besteuert werden sollte, was der Großprior mit Hinweis auf außergewöhnliche Steuern für die Verteidigung von Rhódos und den Ausbau der Festung ablehnte.[23] Somit gab nicht erst die Eroberung Konstantinopels 1453 den Impuls zum Ausbau der Stadtbefestigung (17).

1455 reiste eine Gesandtschaft des Ordens zum Sultan, um einen Handelsvertrag zu erreichen, der einem Friedensvertrag nahegekommen wäre. Es war vorgesehen, einen Warenaustausch mit Rhódos

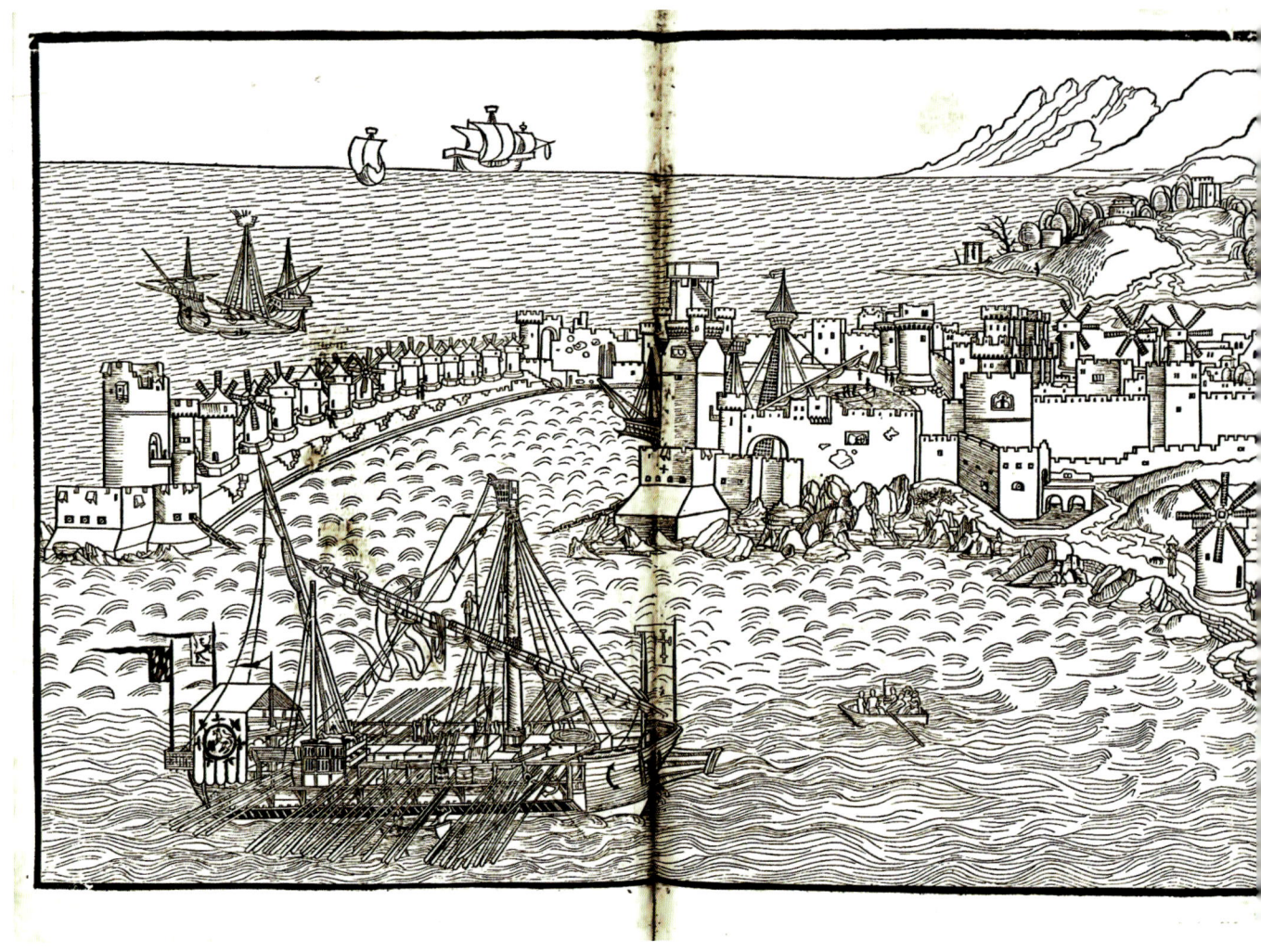

17. Rhódos. Ansicht der Stadt, Illustration aus Bernhard v. Breydenbach: Peregrinatio in Terram Sanctam, *Mainz 1486. Links im Bild die vom Naillac-Turm ausgehende Sperrkette des Hafens.*

als Handelsplatz vorzuschlagen. Der Sultan forderte Tribut, doch der Meister lehnte ab, da der Orden nur den Papst als Herrn anerkenne und ohne dessen Zustimmung keine Tributverpflichtung eingehen könne. »*Der Orden sei jedoch bereit, alljährlich, als Beweis der Verehrung für den Sultan, Geschenke an dessen Hof zu senden. Sollte der Sultan aber auf der Zahlung von Tribut bestehen, so könne der Orden trotzdem seine Auffassung nicht ändern*«.[24] Darauf sah sich der Sultan im Kriegszustand mit dem Orden.

1455/56 kam es zu türkischen Angriffen auf die Inseln Sými und Kós, wobei letztere 22 Tage lang belagert wurde. 1457 griffen Türken Archángelos an, plünderten den Ort und verschleppten die meisten Einwohner in die Sklaverei. Kálymnos, Léros, Nísyros und Tílos wurden überfallen und die Bewohner einiger Inseln nach Rhódos evakuiert. Unter Meister Zacosta (1461–67) gab es Versuche, Frieden zu schaffen, doch der Sultan forderte erneut Tribut. Beide Seiten rüsteten zum Krieg und 1480 kam es zur türkischen Belagerung von Rhódos.

Eine wichtige Rolle spielte inzwischen die Osmanische Flotte. In der 2. H. des 14. Jh. war die Hafenstadt Gallipoli an den Dardanellen zum Marinearsenal und unter Sultan Bayezit I. (1389–1402) zum Flottenstützpunkt als Basis für die Eroberung von Küstenregionen und Inseln ausgebaut worden. Mehmet II. (1451–81) ließ die Flotte optimieren. War diese anfangs eher eine Transportflotte für militärische Zwecke, so änderte sich das unter Selim I. (1512–20), der eine Seestreitmacht aufbaute.

DER JOHANNITER-ORDENSSTAAT AUF RHÓDOS UND DEN DODEKANES (1307–1522)

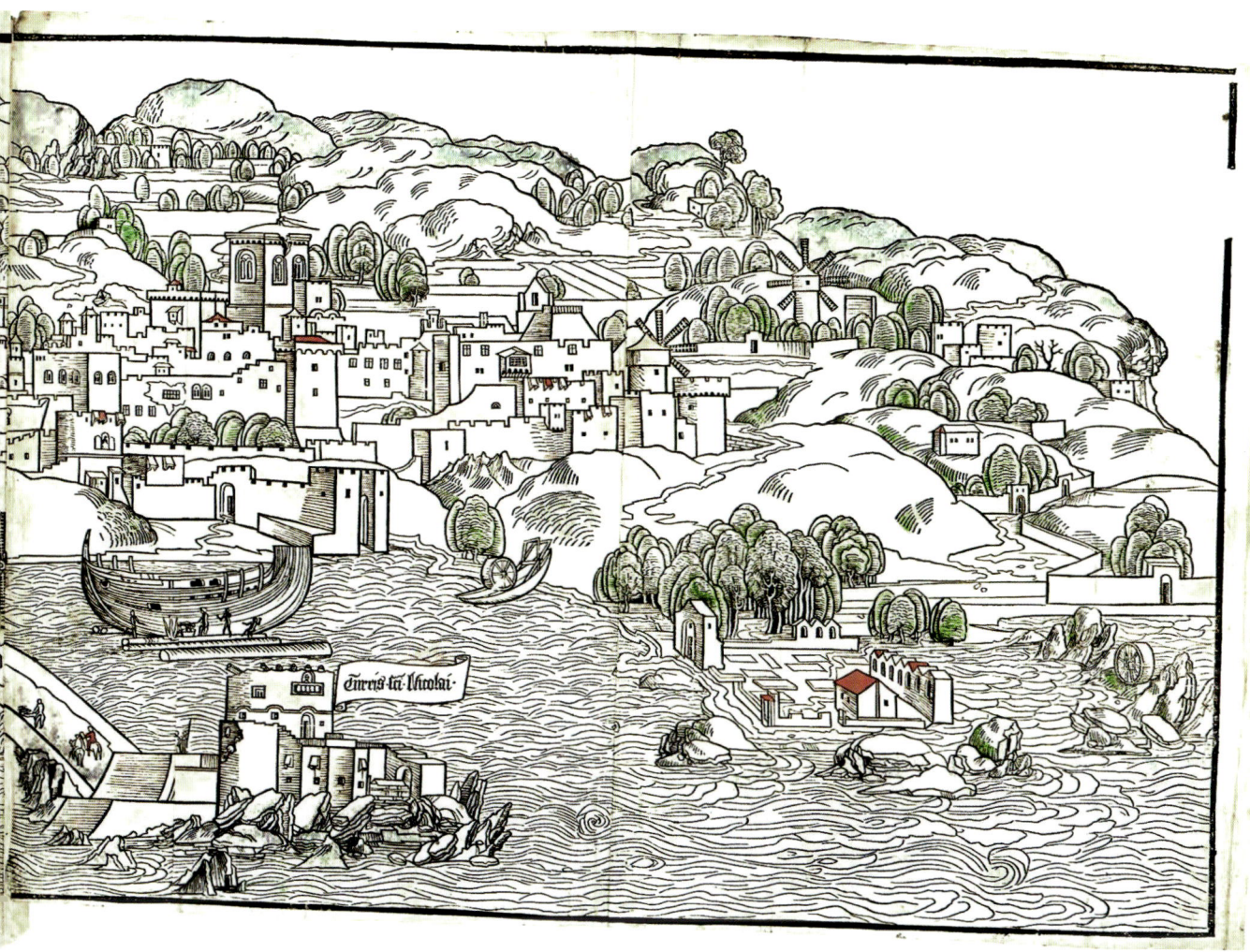

Mamluken: Das im 13. Jh. entstandene ägyptische Mamlukenreich war im 15. Jh. ein Gegner des Ordens. Nach einer Phase recht guter Beziehungen zwischen Johannitern und Mamluken mit dem Austausch von Gesandten kam es im 15. Jh. zu kriegerischen Unternehmungen der Mamluken im östlichen Mittelmeer, die den Orden betrafen. Sultan Bars-Bey († 1438) führte einen siegreichen Feldzug gegen Zypern. Die Bedrohung wuchs unter Sultan Dschakmak († 1453). Im August 1440 erschien eine mamlukische Flotte vor Rhódos, doch der vorgewarnte Orden wehrte sie ab. Es folgte ein vergeblicher Versuch, Kós einzunehmen. Bei einem Seegefecht sollen die Mamluken ca. 1.000 Mann verloren haben. Es gelang ihnen 1440, Kastellórizo zu besetzen und bis 1450 zu halten. Im August 1444 erfolgte eine Belagerung von Rhódos durch Truppen Dschakmaks, etwa 19.000 Mann, die mit einer Blockade des Hafens verbunden war. Nach 40 Tagen waren die Mamluken, die größere Verluste erlitten, zum Rückzug gezwungen, wozu Ausfälle gegen die Angreifer beitrugen.[25] 1445 kam es schließlich zum Friedensvertrag.

Die Situation des Ordens auf Rhódos war im späteren 15. Jh. schlecht. Aufgrund der Finanzlage musste Geld requiriert werden, um Wehrbauten in Verteidigungszustand zu versetzen und Waffen, Munition und Nahrungsvorräte für den Kriegsfall anzuschaffen. Ab 1462 wurde eine 2%ige Steuer auf Importwaren erhoben. 1479 schloss Venedig Frieden mit Sultan Mehmet II., der einen Angriff auf Rhódos plante.

1476 war Pierre d'Aubusson Großmeister geworden. Am 28.10.1479 schloss er Frieden mit dem Mamluken-Sultan und handelte mit dem Herrscher von Tunis einen Vertrag über Getreidelieferungen aus. D'Aubusson ließ die Hafenzufahrt von Rhódos mit einer Kette sperren (**15–17**), Wehranlagen ver-

18–19. Rhódos, Stadtbefestigung. Links: Stumpf des Naillac-Turmes, dessen UG den Mechanismus für die Sperrkette enthielt. – Rechts: UG des Naillac-Turmes mit Spindel der Sperrkette (© ML).

stärken und Lebensmittelvorräte anlegen. Rhódos und andere Befestigungen wurden auf Belagerungen vorbereitet, in denen sie »Fliehburgen« für die Bevölkerung sein sollten, so wie es 1474 Meister degl'Orsini festgelegt hatte.

Am 23.5.1480 erschien eine türkische Flotte vor Rhódos, die erste Belagerung begann. Noch am 28.5. übermittelte der Meister an Ordensangehörige in Europa die dringliche Botschaft, zu helfen. Er zeigte sich enttäuscht darüber, dass viele Brüder seine Mahnungen ignoriert hatten und meinte, es sei unentschuldbar, wenn sie nicht alles unternähmen, um zu Hilfe zu kommen. Er fragte: »*Was ist gottgefälliger, als den Glauben zu verteidigen? Was ist seliger als für Christus zu kämpfen?*« Wenige Tage danach gelang es einem Schiff aus Sizilien trotz der türkischen Blockade Getreide und Kämpfer nach Rhódos zu bringen.

Die erste türkische Belagerung der Stadt Rhódos 1480

1480 schrieb Guillaume Caoursin, Vizekanzler des Ordens, erfahrener Diplomat und Augenzeuge des Geschehens, eine Chronik der Belagerung von Rhódos in Latein, die schnell in verschiedenen Sprachen verbreitet wurde. Als Flugschrift erschien sie 1480/82 in Deutschland,[26] Italien, den Niederlanden, Dänemark, England und Spanien. Eine mit Holzschnitten illustrierte lateinische Ausgabe verlegte 1495 Johann Reger in Ulm, eine mit Holzschnitten ausgestattete englischsprachige Ausgabe erschien 1496 in England,[27] und der Drucker Martin Flach publizierte 1513 in Straßburg die deutsche Übersetzung *Historia Von Rhodis / Wie ritterlich sie sich gehalten / mit dem keiser Machomet / vß Turckyen / lustig vnn lieplich zuo lesen*. Noch 1545 erschien eine italienische Ausgabe bei Bernardo Bindoni in Venedig. Eine illuminierte Prachthandschrift des Textes besitzt die Nationalbibliothek in Paris.[28]

Die Illustrationen der bekannten Ausgaben sind für die Untersuchung der Belagerung von Rhódos nur bedingt tauglich, da die Künstler das Geschehen illustrierten, ohne Augenzeugen gewesen zu sein. Die Auswertung der Chronik Caoursins bietet jedoch einen Überblick über die Waffen und Belagerungstechniken der Angreifer und die Gegenmaßnahmen der Belagerten.

Vorbereitungen auf den Angriff
Meister d'Aubusson ließ »*drey gantze jar die statmauer an den enden / do dy boeß vnd geuallen was / widervmb auff richten: vnd pesseren: vnnd speisst die statt vberflüssigklich mit traid* [Getreide] *vnd ander narung. Auch erfordret er zu im durch sein sendbrief von manigen enden der welt ritter des ordens vnd soeldner / durch die er moecht bewaren die statt*« (295v). Caoursins Zitat belegt Verstärkungen der Stadtmauer. Deren Umfang bezeugen noch über 50 Reliefs mit d'Aubussons Wappen allein an

der Stadtbefestigung (20), die sich auch an Burgen und anderen Wehrbauten finden.

Verstärkt wurden außer der Stadt Rhódos die »Burgen« Féraklos, Líndos und Monólithos auf Rhódos, Narangía/KOS sowie St. Peter. Caoursin berichtet, der Meister habe »fünff geschloesser« – das »geschlos Langon [Kós]/sant Peters geschlos« sowie »Feracli/Lindi vnd Moneleti (21) mit volck / speis vnd zeüg [Kriegsmaterial/Geschütz] vnd ander notturfft zu dem krieg« ausgestattet, »vnnd das volck auff dem land macht sich mit seinem guot in die geschloesser vnd in die stat Rodis« (297r). 1474 hatten Meister degl'Orsini und 1479 d'Aubusson bestimmt, wo die Inselbewohner bei Angriffen Schutz suchen sollten. Bewohner der Inseln Nísyros, Chálki und Tílos wurden in die Stadt Rhódos gebracht; sie waren dort besser geschützt und vergrößerten die Anzahl der Verteidiger.

Zu den Vorbereitungen auf die Belagerung gehörten die Ernte teils noch unreifen Getreides sowie Vergiftungen von Brunnen durch die Einbringung von Pflanzen, die das Wasser vorübergehend ungenießbar machten.[29] Spione der Johanniter hatten von Rüstungen in Istanbul und Kriegsvorbereitungen berichtet; wohl auf Initiative des Ordens kam es dort zu einem Brand.

Meister d'Aubusson berief seinen Bruder Antoine zum Oberbefehlshaber der Infanterie und den Großbailli Rudolf X. Graf v. Werdenberg zum Kavallerie-General. Letzterer hatte 1479 einen türkischen Angriff auf die Stadt Rhódos verhindert. Den Admiral Cristoforo Corradi di Lignana, den Vizekanzler Guillaume Caoursin, den Hospitalier und den Schatzmeister bestellte d'Aubusson zu seinen Stellvertretern.

Caoursin berichtet über die Vorgeschichte der Belagerung und die Motivation des Sultans zum Angriff. Er betont dabei, dem Sultan hätten »schmach, schand vn schaden« geärgert, »so er vormal enpfangen hat, do er mit vier schiffung ist kommen gen Rhodis vnd do selbs die gantz jnnsel verderbt vn auch die castell vmlegt [umzingelt] vnd bekrieget vnd doch mit schanden da von gelassen« (293r). Bei diesem von Caoursin erwähnten Angriff (1479?) wurden viele türkische Soldaten »erschlagen, gespist, erheuckt, erschossen, erworffen, erstochen, durchrent« und auf andere Weise »zu wasser vnnd zu land verdorben« (293r–294v). Der Text belegt, dass es zu Kämpfen außerhalb der Befestigun-

20. Rhódos, Stadtbefestigung: Wappenstein des Großmeisters d'Aubusson an einer Kurtine in spätgotischer Rahmung (© ML).

21. Burg Monólithos (Rhódos) (© ML).

22. Rhódos, Turm St. Nikolaus, 1464–67; nach 1480 zum Hafenfort erweitert (© ML).

gen kam. Betont sei, dass Angreifer »erworffen«, d.h. durch Steinwürfe der Verteidiger getötet worden waren.

Sultan Mehmet II. wähnte die Befestigung von Rhódos in schlechtem Zustand, die Anzahl der Verteidiger und die Vorräte gering. Die Kriegsvorbereitungen des Ordens waren ihm nicht im vollen Umfang bekannt, obwohl Rhódos ausgespäht worden war.[30] »*Georgius, ein pescheider vnd subtiler man vnd den türken lieb*«, der von der Insel Chíos zu »*den türken kommen was vnd zuo Constantenopel weib vnd kind*« hatte, hatte »*die stat auff gezeichnet*« (296r), doch war seine Skizze inzwischen 20 Jahre alt. Seitdem er die Befestigung ausspioniert hatte, war diese verstärkt worden. Dazu gehörte der 1464/67 erbaute St.-Nikolaus-Turm auf der Mole am Mandráki-Hafen, 1480 ein Schlüsselpunkt der Verteidigung (22).

Die Landung der Truppen und die Anlage erster Belagerungsstellungen

Mehmet II. hatte Galeeren in Gallipoli und Istanbul für das Unternehmen gegen Rhódos ausrüsten lassen. Inklusive der Transportschiffe sollen es 160–170 Einheiten gewesen sein. Das Heer zog über die Dardanellen und an Land bis Lykien, um »*von der alten statt phistum*« nördlich Marmaris nach Rhódos überzusetzen, da die Insel nur 18 »*waelsch meil*« von dort entfernt liegt (296v). Schiffe brachten Kriegsgerät und Geschütze.

Zu den Invasionstruppen gehörte Artillerie mit schweren Belagerungsgeschützen (23). Sultan Mehmet II. war einer der ersten Herrscher im Spätmittelalter, die erfolgreich mit Artillerie operierten. So war es ihm 1453 möglich, Konstantinopel zu erobern. 1464 goss Büchsenmeister Munir Ali das Dardanellen-Geschütz, ein zweiteiliges (Kammer und Flug) Riesengeschütz aus Bronze (18,6 t). Nebst 16 weiteren, angeblich 1480 vor Rhódos gegossenen, ca. 5,80 m langen Riesengeschützen,[31] die

340 kg schwere Kugeln (ø 0,63 m) verschossen, stand es später auf Batterien zum Schutz der Dardanellen.

Während sich in der Literatur Hinweise finden, die Türken hätten 16 Geschütze vor Ort gegossen, berichtet Caoursin, »auff der schiffung« wären 16 »Haubtpüchsen«, jede 22 Spannen lang (297r).

Am 23.5. erschien die türkische Flotte vor Rhódos, die Wächter vom St.-Stefans-Berg erspähten, als sie nach Physkos fuhr, um Truppen aufzunehmen. Angreifer landeten bei Triánda, nahe dem Stefans-Berg (Monte Smith), dem Standort der Akropolis der antiken Stadt Rhódos. Dies belegt, ebenso wie die Bunker und MG-Stände des 2. Weltkrieges, die militärische Bedeutung des Berges. Das türkische Heer unter dem Großwesir und Kapitän Mesih Pascha Palaiologos brachte Geschütze auf dem Berg und nahebei in Stellung, dann landete das Gros des Heeres auf Rhódos. Es kam zu Übergriffen auf Flüchtlinge, die in die Stadt wollten. Einem Ritter schlugen türkische Soldaten den Kopf ab, den sie auf einer Lanzenspitze zum Heer brachten.

Adam Wienand berichtet, zwei Tage nach ihrer Ankunft hätten die Angreifer »drei riesige Maschinen« bei der St.-Antonius-Kirche (sie lag vor der Stadtmauer und der Großmeister ließ sie niederreißen, um den Türken keinen Stützpunkt zu bieten) aufgerichtet und die Belagerung des Turmes St. Nikolaus auf der Spitze der Mole am Mandráki-Hafen begonnen.[32] Er nennt die Angriffswaffen »Wurfmaschinen«. Im mir vorliegenden Manuskript-Caoursins (1480/81) heißt es jedoch, am dritten Tag nach Anlandung »leget der türck drei groß püchsen in sant Anthonis garten« und die »selbigen püchsen bewaret er vnd pedecket sy mit guotem schirm«, wobei unklar bleibt, ob hölzerne Schutzschirme oder Wachmannschaften gemeint sind. Die Johanniter richteten »drey püchsen in den garten der ritter des ordens von auerni« [Auvergne] entgegen (297v).

Am selben Tag bat Georgius s. o., der aus Meißen stammende Büchsenmeister und Geschützgießer der Türken, in die Stadt eingelassen zu werden. Er gab sich als Überläufer aus, erwies sich aber später als Verräter. Die Meinungen, wie mit ihm umzugehen sei, waren geteilt; der Großmeister ordnete ständige Überwachung an. Georgius gab Auskunft über die Stärke des türkischen Heeres, das demnach fast 100.000 Mann umfasste und über 16 »haubtpüchsen« verfügte (298r).[33] Auch hier gibt es Widersprüche zur Literatur, wonach 1480 »Jörg [Georgius] von Meißen und seine türkischen Gesellen vor der belagerten Festung von Rhódos 18 schwere Geschütze« gegossen haben sollen.[34]

Erste Kämpfe um den Turm St. Nikolaus am Mandráki-Hafen

Die Türken wollten zuerst den Turm St. Nikolaus mit der Mole (schüt) einnehmen, die den Galeerenhafen Mandráki westlich begrenzte, da sie diesen als Schlüsselstellung zur Eroberung von Hafen und Stadt einschätzten, denn die Seeseite der Stadt war weniger stark befestigt als die Landseiten. Die Angreifer gaben 300 Schüsse mit Geschützen auf den Turm ab, wobei sie den Westteil »des geslos« stark beschädigten, doch »der besser tail des turens« blieb unversehrt (298v). Der Meister inspizierte den Turm, ordnete Maßnahmen zur Verteidigung an, berief »die strengisten [stärksten] ritter zu beschirmung des geschlos« und befahl, »zu machen einen vest guoten stercken zawn mit schüt für den turen« – eine Palisade mit Wall vor dem Turm – und einen »graben dar vmb, außgehaut auß dem fels« (299r–299v).

Die Wehranlagen des Turmes wurden so mit Steinen und Mörtel verstärkt, dass »kaum ein statt was gelassen darinn ze halten die streitpern leit« (299v). Die von den Verteidigern in Präsenz der Angreifer ausgeführten Verstärkungen waren umfänglich. Zur Unterstützung der Verteidiger von St. Nikolaus stationierte der Orden Infanterie und Reiterei im Zwinger vor dem St.-Peters-Turm »gegen dem mer«, im seichten Wasser wurden Annäherungshindernisse angelegt (»laden vnnd breter mit gespitzten negeln in die hoech gerecket« [299v]) und auf der Stadtbefestigung Geschütze gegen den Turm gerichtet, um Attacken mit Schiffen auf diesen abwehren zu können. Dazu wurden auch Brander (mit leicht brennbaren Materialien gefüllte Boote) vorbereitet, um Schiffe zu bekämpfen. Ein Angriff mit Schiffen wurde abgewehrt, die Turmbe-

DER JOHANNITER-ORDENSSTAAT

satzung wehrte sich »*mit schiessen und werfen*« (300r). Steinewerfer sind als Verteidiger in Illustrationen verschiedener Ausgaben von Caoursins Chronik abgebildet (23).

Sipahis (eine Elitetruppe), »*die an Land zu kommen versuchten, wurden mit einem vernichtenden Geschoßhagel von Armbrüsten, Hakenbüchsen und Langbogen empfangen*«; jene, welche die »*Palisaden um das Fort*« erreichten, traf »*das griechische Feuer*« der Verteidiger.[35] Überläufer und Flüchtlinge der Türken berichteten von 700 Gefallenen und vielen Verletzten auf ihrer Seite bei dieser Attacke. Nach Abwehr des Angriffs besuchte der Großmeister die Kapelle, in der das Bildnis der »*iunckfraw Maria*« vom Berg Filerimos stand; danach »*rait er in sein haus zetroesten die ritter*« (300r).

Beschuss der Stadt

Die türkische Militärführung änderte nun ihre Taktik: Die Stadt sollte an verschiedenen Stellen gleichzeitig angegriffen werden, um die Verteidiger zu zerstreuen und die Aufmerksamkeit vom Turm abzulenken, der in einer nächtlichen Attacke eingenommen werden sollte. Angriffe waren zudem auf inzwischen vorhandene Breschen geplant.

Nach dem Sturmangriff hörten die Verteidiger »*ein grosse geschrey von den arbaitern, die die büchsen zugen für die statmaur bey der juden wonung [Judenviertel] vnnd legten daselbs acht groß hauptbüchsen*«; eine weitere türkische Büchse sollte den Turm auf der Mühlenmole beschießen (299r–299v).

Der Meister ließ »*mit seinem volck vnd mitfechternn anruoffen den almaechtigen got, darnach lies er zerbrechen die juden heüser, die zu nahent waren der statmaur, vnd lies daselbs jnnwendig der maur auffwerffen ein graben vnd hinder dem machen ein*

23. Rhódos, Stadtbefestigung. Kugeln der Belagerungen finden sich überall in der Stadt wie hier im Stadtgraben (© ML).

zaun wol außgeschütt« (300v). Unter Verwendung des Materials der abgebrochenen Häuser wurde eine Auffangstellung hinter der Stadtmauer angelegt, um zu verhindern, dass Angreifer durch Breschen eindringen. An den Arbeiten waren alle verfügbaren Personen beteiligt. Es gelang, die Mauer in diesem Abschnitt durch Beschuss stark zu zerstören: Steinkugeln »*drungen also gewaeltigklich ein*«, dass keiner »*ward gefunden ze rodis, Wie wol auß allen nacion man da leüt vindt*«, der jemals größere Büchsen gesehen oder von solchen gehört hätte (300v). Geschützdonner war, so Caoursin, bis auf der 69 km vom Hafen von Rhódos entfernten Insel Kastellórizo zu hören. Durch Kanonenschüsse verursachte Erschütterungen vergleicht er mit Erdbeben.

Nun legten die Türken »*eingegrabene*« Mörserstellungen an, feuerten in die Stadt und zerstörten Gebäude. Einwohner flüchteten in »*loecher vnder der erden*« oder in gewölbte Kirchen. Das Bombardement forderte vergleichsweise wenige Opfer, doch ist seine psychologische Wirkung nicht zu unterschätzen, besonders war es »*bey der nacht gar schricklich*« (301r). Zwei der größten Büchsen wurden auf eine Anhöhe westlich der Stadt gebracht, um von dort in die Stadt zu schießen; auch sie richteten weniger Schaden an, als erhofft. Nachdem diese primär psychologische Kampfführung fehlgeschlagen war, unternahmen die Türken den Versuch, d'Aubusson vergiften zu lassen. Der Attentäter wurde entlarvt und enthauptet.

Ein Ausfall und ein erneuter Sturm auf den Turm St. Nikolaus

Nachdem es Türken gelungen war, in einer Nacht hölzerne Schirme und Schanzkörbe »*biß auff den graben*« vorzuschieben (301v), drangen 50 Soldaten und ein Ritter in den Graben ein und griffen die türkische Stellung mit Sturmleitern an, zerstörten die Körbe, töteten zehn Soldaten und kehrten mit vier aufgespießten Köpfen getöteter Feinde in die Stadt zurück.

Die Türken bereiteten einen erneuten Angriff auf St. Nikolaus vor. Dazu wurde eine Brücke (24) aus zusammengebundenen, vernagelten Baumstämmen angefertigt, so breit, dass sechs Männer

24. Rhódos, Turm St. Nikolaus. Angriff während der Belagerung 1480 über eine Schwimmbrücke und mit Schiffen. Die Verteidiger wehren sich u.a. mit Hakenbüchsen und Wurfsteinen. Im Hintergrund Belagerungsgeschütze mit hölzernen Schutzschirmen (Ausschnitt aus: Caoursin 1496).

nebeneinander darauf gehen konnten und so lang, dass sie von der St. Antonius-Kirche bis zur Mole am Turm reichte, an die sie schwimmend herangeführt werden sollte, um dann verankert zu werden. Ein Seemann unter den Verteidigern des Turmes löste nachts den Anker und band das Seil locker an einen Stein. Nachdem die Angreifer dies wahrgenommen hatten, wollten sie die Brücke mit einem kleinen Schiff an den Turm heranführen. Außerdem wurde eine Flotte (Mannschaftstransporter und mit Geschütz bestückte Schiffe) zusammengestellt. Geplant war, den Sturm über das Meer und die Mole auszuführen. Die Johanniter ließen von 1.000 Arbeitern Tag und Nacht den Graben verbessern und Zäune bzw. Palisaden aufführen. Zwei Soldaten aus dem Turm, die desertieren wollten, wurden zum Tode verurteilt und enthauptet.

Zur Sicherung des Turmes besetzte der Meister die Stadtbefestigung im Bereich der Judengasse und des teilzerstörten, baufälligen Verteidigungsabschnitts der italienischen *Zunge* mit »*guoten starcken leüten*« (303v). Die Verteidiger fürchteten, die Türken könnten von zwei Seiten gleichzeitig angreifen.

Um Mitternacht am 19.6. erfolgte der Angriff, den Pauken ankündigten. Das Heranführen der Brücke misslang. Sie wurde durch Büchsenbeschuss zerstört und viele Soldaten ertranken. Vier Galeeren und mehrere kleine Schiffe zerstörten die Verteidiger mit ihren Geschützen. Mit den Schiffen versanken Büchsen und Angriffswaffen. Viele auf der Mole gelandete türkische Soldaten wurden erschlagen. Auch Brander kamen zum Einsatz. Die Türken griffen mit »*schiessen vnd feuerwerfen mit feuerpheil vnnd ander geschoß*« an (304v). Bis etwa 10 Uhr morgens währten die Kämpfe, dann war der Angriff abgeschlagen.

Tote Türken lagen am Ufer, »*wolsichtig vnnd gezirt mit koestlichem gewand silber vnnd golt*« und noch lange wurden Tote vom Meer angespült (303v). Einige hohe osmanische Offiziere waren gefallen. Flüchtlinge und Überläufer der Türken berichteten, dass etwa 2.500 ihrer Männer bei dem Sturm ums Leben gekommen waren.

Verstärkte Angriffe auf die Stadtbefestigung und der letzte Sturm

Die Türken stellten ihre Versuche ein, den stark beschädigten Turm zu erobern. Sie legten an verschiedenen Stellen in den Stadtgraben führende »*haimlich geng*« an und bedeckten diese mit Gerten und Reisiggeflecht. Zudem begannen sie, Steine im Graben aufzuhäufen, um die niedrige Zwingermauer ersteigen zu können. Mit Hilfe und Rat »*der kunstreichen*« Schiffsleute und Zeugmeister richteten die Johanniter ein von Caoursin nicht beschriebenes »*werck*« auf, und »*also da das werck gemacht was, warff man darauß in der türcken hoer* [Heer] *vnd zerrüttet in ir bewarung; vnnameniger türck ward erworffen, vnd vil groß schaden empfiengen sy*« (306r).

Um die in den Graben geworfenen Steine in die Stadt zu bringen, ließ der Orden unter der Stadtmauer »*haimlich*« Gänge anlegen. Die Türken, die sahen, dass die als Rampe gedachte Aufschüttung abgetragen war, bereiteten einen Sturm auf die Mauer vor. Hinter dieser wurden Auffangstellungen angelegt – Palisaden und »*ein dicke schüt mit erdtrich vnd reisach auß gefüllet*« (305r–306v). Woher Erdreich und Reisig kamen, ist unklar, ebenso, ob Verteidiger Zugang zu Bereichen außerhalb der Stadtbefestigung hatten oder ob sie Erde und Reisig aus Gärten in der Stadt nahmen.

Auf den Wehranlagen wurden Wurfsteine bereitgelegt – darunter sicher viele von denen, die Angreifer in den Graben geschüttet hatten. Griechisches Feuer (»*bech buluer schwebel vnnd ander materi*«) wurde vorbereitet (306v).

Der Büchsenmeister Georgius gab, um Rat gefragt, so verwirrende Ratschläge, dass er sich endgültig verdächtig machte, verhaftet wurde und unter Folter gestand, dass er die Stadt ausspähen sollte, um im Falle erfolgloser Belagerung Bericht über die Wehranlagen geben zu können. »*Obwohl man Geständnissen auf der Folterbank mißtrauen muß, dürfte Meister Georg schuldig gewesen sein*«; er wurde zum Tode verurteilt und öffentlich gehenkt. »*Zu den türkischen Linien wurde eine Botschaft hinübergeschossen, die vom Tod ihres Meisterspions und Meisterartilleristen kündete.*«[26]

Mesih Pascha, Befehlshaber der Türken, sandte einen Brief in die Stadt, in dem er den Einwohnern Unversehrtheit an »*leib vnnd gut vnd vil freyheit*« versprach, da der Kampf ja nur den Rittern galt. Sollten sie sich nicht ergeben, so wolle er alle töten (307v). Sein Vorhaben, so eine Revolte gegen den Orden auszulösen, blieb erfolglos, ebenso wie andere Drohungen mit Tod, Vergewaltigung und sonstigen Grausamkeiten. Nachdem alle Maßnahmen psychologischer Kriegsführung folgenlos geblieben waren, begann der Beschuss der Stadt mit »*büchsen, moersernn feürpfeilen vnd ander geschos tag vnnd nacht*« aufs Neue (308v). Caoursin berichtet von 3.000 aus großen Büchsen verschossenen Steinkugeln, die große Schäden an Wehranlagen verursachten. Viele Gebäude der Stadt waren stark beschädigt. Wieder wurde mit psychologischen Mitteln gekämpft: Türkische Soldaten mit Pfeifen und Pauken lärmten am Graben »*zu dem nidergang vnn auffgang der sunn [...] als frolockung des sigs*«. Die Verteidiger antworteten mit Trompeten. D'Aubusson, der einen Sturmangriff erwartete, teilte die Verteidiger neu ein und war »*allweg bey der erschossen maur : daselbs schlieff er, wie wol das gar wenig was, daselbs as er vnd tranck vnnd haett sein wonung*« (309v).

Im türkischen Heer wurde verkündet, die Stadt solle geplündert werden. Unmündige Kinder wären zu »*behalten*«, um sie dem christlichen Glauben zu entziehen, »*jüngling vnd ander solt man toetten, wer aber lebendig gefangen würd, den solt man spissen, vnd darzu haet man bereit über achttausent spiß*« (309r). Nach der Reinigung und der Anrufung des Propheten Mohammed bereiteten sich die Soldaten auf den Großangriff am 27.6. vor. Zuvor hatten sie mit acht Hauptbüchsen den Tag und die Nacht vor dem Morgen des Sturmes die Stadt beschossen. Sie »*ze brachen all vnser weer so wir gemacht haetten : vnd erschossen auch ein tail vnser hueter so auff der maur geordnet waren : also mocht niemant auff der maur beleiben*« (310r). An die 300 Schüsse feuerten die Türken »*in einer klainen zeit*« und »*do sy die schüß haetten volbracht, teten sy ein wurff auß einem morser*« (309r). Leicht nahmen Sturmtruppen – 2.500 Mann sollen es gewesen sein – die Mauer ein, töteten darauf verbliebene Verteidiger und pflanzten ihre Banner auf.

Der italienische Turm wurde gestürmt, woran etwa 40.000 türkische Soldaten beteiligt gewesen sein sollen. Der Meister befand sich in vorderster Front der Verteidiger. Er wurde fünffach verwundet; mindestens eine Verwundung hätte ohne baldige ärztliche Hilfe tödlich sein können.

Zwei Stunden dauerten die Kämpfe, bevor sich die Angreifer plötzlich zurückzogen. Fliehende Einheiten überrannten eigene Leute, verletzten und töteten dabei viele Kameraden. Fast 300 türkische Soldaten, wohl Janitscharen, wurden von der Mauer ins Judenviertel abgedrängt und dort erschlagen. Insgesamt fielen bei diesem Sturm 3.000 Angreifer. Um der Gefährdung durch die im heißen Sommer schnell drohende Verwesung zu begegnen, wurden die Leichen verbrannt. Wieder flohen Türken zu

25. Die Stadt Rhódos während der Belagerung 1480 (Holzschnitt aus: Caoursin 1496).

den Verteidigern. Sie berichteten, 9.000 Mann der Angriffstruppen seien inzwischen gefallen und 15.000 »*türcken verwundt*« (311v) (25).

Einigen Verteidigern gelang es, zurückweichende Angreifer bis zu deren Lager zu verfolgen und dort »*die Standarte des Islam*« zu erbeuten. Zur Flucht der Türken trug eine Massenpanik bei, die bewirkte, dass Soldaten vor Figuren und Zeichen der Banner des Ordens flohen: So sahen die Feinde in der »*lufft ein koestliches guldins creütz schweben, vnd da neben ist erschinen ein klare schene junckfraw mit [...] schuelt vnn sper [Schild und Speer], auch ein man [...] mit einem schlechten gewandt* [St. Johannes der Täufer], *vnnd mit im ein grosse schar kommen als zu hilff den vnsernn*«;

DER JOHANNITER-ORDENSSTAAT

diese »*himmlische Erscheinung*« führte nach Caoursin zur Flucht der Türken (312r).

Rückzug der Türken

Die Türken verlegten nun ihr Lager um eine »*welsche Meile*« von der Stadt weg und begannen, Geschütze, Kriegsgerät und Verwundete auf die Schiffe zu bringen. Zudem zogen Soldaten über die Insel, verwüsteten das Land, verbrannten Äcker, Weingärten und Häuser und raubten Vieh (26).

Zwei zur Unterstützung des Ordens vom spanischen König II. Ferdinand gesandte Schiffe konnten wegen schlechten Wetters nicht anlegen. Eines wurde durch die türkischen Büchsen beschädigt. Nach mehreren Anlandungsversuchen wurden die Schiffe in ein Gefecht mit 20 türkischen Galeeren verwickelt, das endete, nachdem »*der galeen obrister haubtmann erschossen ward*«. Erfreuliche Nachricht brachten die Schiffsbesatzungen: Verstärkung war auf dem Weg nach Rhódos. Das erfuhren auch die Türken. 89 Tage nach der Landung verließen die Angreifer die Insel und setzten über zur Stadt »*phistum*«, von der aus die Invasion ihren Ausgang genommen hatte. Die Truppen rasteten dort elf Tage, danach zogen sie »*mit schanden vnd schaden an ir haimwesen*« (313v).

Es kam häufig zur Hinrichtung erfolgloser türkischer Heerführer. Auch Mesih Pascha drohte der Sultan mit Hinrichtung; letztlich wurde er nach Gallipoli verbannt.

Die Johanniter hatten gesiegt, aber die Stadtbefestigung und viele Gebäude waren stark beschädigt, manche zerstört, und Teile der Insel Rhódos verwüstet. Es dauerte zehn Jahre, bis die Schäden auf dem Lande beseitigt waren.

Schon 1481 wollte Sultan Mehmet II. persönlich eine erneute Belagerung von Rhódos leiten; er starb jedoch auf dem Marsch durch Kleinasien, vielleicht an den Folgen eines Fiebers oder der Ruhr (313v), vielleicht an einer Vergiftung, die Halweti-Derwische oder sein ältester Sohn Bayezit (der spätere Sultan Bayezit II.) veranlasst haben könnten.[37]

Die Zeit zwischen den Belagerungen 1480 und 1522

Eine Folge der erfolgreichen Verteidigung von Rhódos 1480 war, dass viele Herrscher und Persönlichkeiten in Europa nun die wichtige Rolle wahrnahmen, die dem Orden für die Verteidigung Europas gegen das durch Eroberungen expandierende Osmanische Reich zukam. Nicht zuletzt trug die vielfach gedruckte und übersetzte Chronik der Belagerung von Guillaume Caoursin dazu bei. Die Zufuhr von Geld und Kriegsmaterial ermöglichte dem Orden den zügigen Ausbau der Stadtfestung Rhódos sowie anderer Befestigungen. Die Zeit zwischen den beiden türkischen Belagerungen brachte eine gewisse Prosperität, aber auch mehrfach Angriffe auf den Ordensstaat mit sich.

1481 traf ein starkes Erdbeben Rhódos. Der Dominikaner Felix Faber aus Zürich berichtete 1483 von seinem Besuch auf »*Rodiß*« und einer Führung durch deutsche Johanniter-Ritter. Sie führten die Reisenden auf die Stadtmauer und zeigten ihnen, »*wo die Türken* [...] *ihre Lager gehabt* [...] *und wo sie gestürmt* [...] *und was für einen großen Schaden sie mit dem großen Geschütz an den Mauern und Türmen angerichtet hatten; und sie zeigten uns die große Zahl der großen und kleinen steinernen Geschützkugeln, und wie sie die Mauern und Türme wieder gebaut hatten. Sie zeigten uns auch den neuen Schaden an den Mauern, Türmen und Häusern, der durch das Erdbeben entstanden war, durch das*

26. Rhódos, Szene der Belagerung 1480: Auf der Stadtmauer stehen Schanzkörbe anstelle der teils zerstörten Brüstung; im Hintergrund bauen türkische Soldaten ihr Lager ab, andere brennen Kirchen und Häuser nieder (Caoursin, cod. Par. Lat. 6067, f. 79r, Foto: Michalis Romios).

viele Mauern geborsten und Türme und Häuser niedergestürzt worden waren. Und sie sagten, daß sie größeren Schrecken, Schaden und größeres Leid durch das Erdbeben erlitten hätten als durch die Türken.«[38]

Die Angriffe auf die Stadt 1480 waren abgewehrt worden, doch die Notwendigkeit zur Verstärkung der Befestigung war offenkundig. Sie begann noch unter Großmeister Pierre d'Aubusson, der am 30.7.1503 im Alter von 82 Jahren starb – hochangesehen und der einzige Meister der rhodischen Zeit, den der Papst zum Kardinal ernannt hatte. Zudem hatte ihn Papst Innozenz VIII. zum Legaten für den Orient berufen. Gegen Ende seines Lebens sollte er Generalissimus einer Liga von Papst, Johannitern, Kaiser des *Heiligen Römischen Reiches* (*Deutscher Nation*) sowie der Könige von Ungarn, Portugal und Frankreich werden, deren Truppen türkische Angriffe auf Europa abwehren sollten.

Neuer Großmeister wurde Emery d'Amboise (1505–12). In seiner Amtszeit wurden *Karawanen* (gegen muslimische Schiffe gerichtete Kaperfahrten) und Patrouillen zur Sicherung christlicher Schifffahrtswege gegen Kaperfahrer muslimischer Staaten fortgesetzt. Unter Großmeister del Carretto (1513–21) erfolgten weitere Ausbauten der Befestigungen. Zur Schwächung des Osmanischen Reiches unterstützte Carretto einen Aufstand der Ägypter gegen die Türken.

In der Zeit zwischen den Belagerungen von Rhódos erweiterte das Osmanische Reich sein Gebiet um Libanon, Palästina, Syrien und Ägypten. Da die Johanniter von Rhódos den Seeweg zwischen der Hauptstadt Istanbul und Ägypten stören konnten, wollte Sultan Selim die Insel erobern. Zwischenzeitlich erfolgten Angriffe auf Ordensbefestigungen. Offenbar dreimal war das Kástro auf Sými Ziel osmanischer Angriffe. Wappen der Meister de Milly (1454–61) und Zacosta (1461–67) bezeugen Bauarbeiten an der Burg, die 1457 gegen eine 7.000 Mann starke türkische Armee gehalten werden konnte, die zuvor Archángelos geplündert hatte. 1485 blieb ein erneuter türkischer Angriff auf Sými erfolglos.

1503 griffen osmanische Truppen mit 16 Galeeren Rhódos an und setzten Kommandotrupps ab. In den folgenden Kämpfen gelang es der Ordensflotte, acht türkische Schiffe zu kapern und zwei zu versenken.

1504 kam es zu einer erfolglosen Belagerung der Burg auf Sými, bei der Truppen des türkischen Korsaren Camali »una buona breccia« schufen. Camali zog sich zurück, ließ aber zuvor Gebäude und Anpflanzungen niederbrennen.

1506 folgte eine Belagerung der Ordensburg auf Léros, die bereits 1502 angegriffen worden war. Belagerer war Nichi, ein muslimischer Korsar. Die Burg konnte angeblich aufgrund einer Kriegslist gehalten werden: Hierher geflüchtete Zivilisten wurden mit Ordenskleidung ausgestattet und mussten auf den Mauern Aufstellung nehmen, um dem Feind eine starke Besatzung vorzutäuschen.[39]

Durch die Eroberung des Mamlukenreiches 1516/17 und die Einnahme Ostanatoliens gewann das Osmanische Reich an wirtschaftlicher Stärke. Eroberungsgelüste Selims I. richteten sich nun zunehmend auf Europa. Für das geplante Vorgehen gegen den Orden benötigte er eine größere Kriegsflotte. Er nahm den Korsaren Chayreddin Barbarossa in seine Dienste, der über eine starke Flotte verfügte und Algeriens Küste beherrschte. Selims Tod 1520 verhinderte seine gegen Rhódos gerichteten Eroberungspläne.

Die zweite türkische Belagerung der Stadt Rhódos 1522

1520 bestieg Süleyman I. den Sultansthron. Während er in seinem Reich den Beinamen »der Gesetzgeber« (*Kanuni*) trug, war er im christlichen Europa als »der Prächtige« bekannt. Als wichtige Aufgabe betrachtete er die Ausbreitung des Islam und nahm an 13 großen Feldzügen teil. 1521 eroberten seine Truppen Belgrad. Sein nächstes Ziel sollte Rhódos werden.

Ebenfalls 1521 war Philippe Villiers de l'Isle-Adam Großmeister der Johanniter geworden. Mit ihm stand Süleyman ein ebenbürtiger Gegner gegenüber. Bald nach Amtsantritt forderte der Sultan den Großmeister auf, ihm Rhódos zu übergeben oder sich der Oberhoheit der Hohen Pforte zu unterwerfen. Es folgte ein Schlagabtausch per Brief, der im September 1521 mit einem Schreiben Süleymans – er nennt sich »*Soliman, Sultan durch die Gnade Gottes, König der Könige, Herr der Herren, mächtiger Kaiser von Byzanz und Trapezunt, großer König von Persien, Arabien, Syrien und Ägypten, Oberherr über Asien und Europa, Fürst von Mekka, Aleppo und Jerusalem und Beherrscher des Weltmeeres*« – eröffnet wurde.⁴⁰ Nach dem im Ton zunehmend schärferen Briefwechsel kam es zum Krieg.

Spione berichteten über Rüstungen der jeweils anderen Seite. Die Vorbereitungen zum Kriegszug einer riesigen türkischen Armee blieben nicht unbemerkt. Unter Süleymans Spionen in Rhódos war ein ehemals jüdischer, zum Christentum konvertierter Arzt des Hospitals. Er wurde zwei Monate nach Beginn der Belagerung entlarvt, als er eine an einen Pfeil gebundene Botschaft zu den türkischen Linien hinüberschießen wollte, gestand unter Folter die Spionage, wurde zum Tode verurteilt, gehenkt und geviertelt.

Am 1.6.1522 erfolgte die förmliche Kriegserklärung des Sultans. Den Oberbefehl über die Invasionsarmee hatte Mustafa Pascha, ein Schwager des Sultans, im Rang eines zweiten Wesirs. Im Juni erschien die türkische Flotte vor Rhódos; am 26.6. landete die Armee, zu der 10.000 Janitscharen und viele zum Festungskampf ausgebildete Soldaten gehörten. Bei der Flotte war der Korsar Curtogli. Ebensowenig wie die Größe der Flotte lässt sich jene der Armee genau benennen. Von 200.000 Mann ist die Rede, doch warnte Bradford (1972) vor »*Übertreibung*«.

Der türkischen Armee standen, je nach Schätzung, 290 Ritter – zusammen mit Dienenden Brüdern des Ordens etwa 500 Mann – und 1.300–4.500 Söldner gegenüber. Wenig ist über den Einsatz der Stadtbewohner von Rhódos und der in die Stadt geflohenen Inselbewohner an der Verteidigung bekannt. Es heißt, Bürger seien in Einheiten eingeteilt worden, um »*für Ordnung zu sorgen und Feuersbrünste zu löschen*« und die in die Stadt geflohenen Landbevölkerung hätte die Verteidiger »*mit der notwendigen Verpflegung und die Geschütze mit Munition*« versorgt; zudem seien sie eingesetzt worden, um die durch die Angriffe verursachten Schäden an der Befestigung zu beheben.⁴¹ Wichtig ist der Hinweis des Ordenschronisten Giacomo Bosio (1594), die »*Masse des Volkes*« habe sich, im Gegensatz zu griechischen Stadtbürgern, wenig an der Verteidigung 1522 beteiligt.

Verstärkungen der Stadtbefestigung waren nach 1480/81 in großem Umfang ausgeführt worden, jedoch waren viele Werke noch nicht in optimalem Zustand. Im Stadtgraben ist zu sehen, wo Arbeiten zur Vertiefung begonnen wurden: Bearbeitungsspuren zeigen, dass Kalkblöcke im Graben gebrochen und als Baumaterial verwendet wurden (28). Trotz allem hofften die Verteidiger, sich bis zum Herbstanfang – dem Ende der »Kriegssaison« im Mittelmeergebiet, wenn Stürme Nachschub über das Meer für Angreifer erschweren – halten zu können; sie hofften auf Abzug der Belagerer im Herbst oder militärische Hilfe von außen. »*Man rechnete, daß der Orden genügend Vorräte und Munition hatte, um ein Jahr [...] auszuhalten*«; sollten die Verteidiger bis zum Winter durchhalten, »*bestand die Möglichkeit, daß sich mit der Kälte und dem Regen Krankheiten bei den Truppen des Sultans verbreiteten und die Stürme seine Schiffe beschädigten.*«⁴²

Nachdem türkische Truppen, bisweilen gestört durch Ausfälle, Lager, Batterien und Stellungen vor der Stadt angelegt hatten, kam am 28.7., gedrängt vom ersten Wesir Ali Mehmet Pascha, Sultan Süleyman mit weiteren Soldaten nach Rhódos. Erst jetzt soll die eigentliche Belagerung begonnen haben, doch hatte es schon Scharmützel und weitgehend wirkungslosen Beschuss einiger Verteidigungsabschnitte (England, Auvergne, Provence) der Stadtbefestigung gegeben.

Zu den um die Stadt in Stellung gebrachten Belagerungsgeschützen, deren Erfolge sich bald mehrten, gehörten auch Bombarden, die große Steinkugeln verschossen (27) und Mörser. Neben massivem Artilleriebeschuss gab es Versuche, Teile

DER JOHANNITER-ORDENSSTAAT AUF RHÓDOS UND DEN DODEKANES (1307–1522)

27. Rhódos (Rhódos) während der Belagerung 1522; Beschuss mit Bombarden. Holzschnitt eines unbekannten Meisters (Wienand 1970).

28. Rhódos. Steinbruch zur Gewinnung von Baumaterial im Stadtgraben; links das D'Amboise-Tor, hinter der Stadtmauer die Großmeisterburg (© ML).

DER JOHANNITER-ORDENSSTAAT AUF RHÓDOS UND DEN DODEKANES (1307–1522)

der Stadtbefestigung zu unterminieren sowie Massen-/Sturmangriffe der Infanterie. Die Verteidiger wehrten sich mit Artillerie und anderen Fernwaffen (Büchsen, Bogen, Armbrust, Wurfsteine, leicht zerbrechliche Gefäße mit Brandsätzen) sowie durch Ausfälle. Bei einigen Sturmangriffen gelang es türkischen Soldaten, Abschnitte der Stadtbefestigung vorübergehend zu besetzen oder durch Breschen in der Mauer in die Stadt einzudringen, doch waren hinter den Breschen aus Trümmern errichtete Auffangstellungen angelegt worden. Sowohl an diesen wie auf den zeitweise von den Angreifern eingenommenen Werken der Befestigung kam es zu Kämpfen Mann gegen Mann. Im Abschnitt Italien gelang den Angreifern die Besetzung einiger Bereiche, auf denen sie ihre Banner aufpflanzten, doch ein Gegenangriff unter Leitung des Großmeisters vertrieb die Feinde. Männer, Frauen und Kinder wurden eingesetzt, die Bresche zu füllen und neue Mauern zu errichten.

Mineure versuchten, Teile der Wehranlagen zum Einsturz zu bringen: Sie trieben Stollen unter dem Graben hindurch bis unter die Mauern der Befestigung und legten eine Sprengkammer an. Die Verteidiger versuchten, sie durch Gegenstollen unschädlich zu machen.

Am 4.9. gelang es türkischen Soldaten, in die Stadt einzudringen. Teile des Mauerwerks im Verteidigungsabschnitt England waren durch Sprengung zerstört; es soll eine ca. 10 m breite Bresche bestanden haben. Der Großmeister, der am nachmittäglichen Stundengebet teilnahm, verließ die Kirche, um in einem primär als Nahkampf geführten Abwehrgefecht die anstürmenden Gegner zu bekämpfen, die an diesem Tag ca. 2.000 Mann verloren. Der stark beschädigte Abschnitt blieb aus der Sicht der türkischen Militärführung eine potenzielle Schwachstelle, da Schäden im Bereich der Bresche während der Belagerung nur notdürftig behoben werden konnten. Sechs Tage später erfolgte ein Sturmangriff, bei dessen Abwehr auf Ordensseite der Artilleriekommandant Guyot de Marselhac und der Hauptbannerträger Heinrich de Mauselle fielen. Zwei Tage später griffen die Türken erneut an. Es gelang ihnen, fünf Banner auf den von ihnen eingenommenen Befestigungsabschnitt zu setzen. Wieder kam es zum Nahkampf, wieder konnte die Stellung gehalten werden, während die Angreifer große Verluste erlitten.

Am 13.9. war der italienische Verteidigungsabschnitt Ziel eines Angriffs, bei dem türkische Soldaten die physisch erschöpften Verteidiger überrumpelten. Der Großmeister kam mit Soldaten und Rittern aus anderen Abschnitten zu Hilfe, sodass die Türken erfolglos blieben.

Im Kriegsrat des Sultans riet der Oberbefehlshaber Mustafa Pascha, gleichzeitig Sturmangriffe auf vier verschiedene Punkte der Befestigung anzusetzen. Am Tag vor den Angriffen wurde die Losung ausgegeben: »*Morgen wird gestürmt, Stein und Grund gehören dem Padischah, Blut und Gut den Siegern als Beute*«.[43] Den Sturmangriffen am 24.9. ging ein heftiger Artilleriebeschuss von Land und See voraus. Dann wurde die Kanonade weitgehend auf die Verteidigungsabschnitte England, Aragon, Provence und Italien konzentriert – auf die von ansteigendem Gelände überhöhte Südseite der Stadtbefestigung. Danach begann der Sturm, bei dem der stark beschädigte englische Abschnitt besonders attackiert werden sollte. Hier kamen Iayalaren zum Einsatz. Im Nahkampf wurden sie von den Verteidigern, darunter dem Großmeister, zurückgeschlagen.

Kurz nach dem Beginn des Angriffs auf die englische Stellung begann der Sturm auf den Verteidigungsabschnitt Aragon. Dort gelang es den Janitscharen, über 30 Banner zu hissen. Der Großmeister griff mit Rittern und Soldaten ein, nachdem die Gefahr im englischen Abschnitt vorübergehend gebannt war. Zudem eilten 200 im Fort St. Nikolaus stationierte Soldaten unter Jacques de Bourbon herbei.[44] Und schließlich unterstützte Abwehrfeuer aus dem Abschnitt Auvergne die Verteidiger, indem es Angreifer von nachfolgenden Kameraden abschnitt. Der Sturm auf die beiden anderen ausgewählten Angriffsziele endete jeweils vor den Mauern. Nach vielen Stunden ohne nutzbare Erfolge ordnete der Sultan den Rückzug an. 15.–20.000 Mann und 40 Standarten soll seine Armee an diesem Tag verloren haben. Auf Seiten der Verteidiger sollen »nur« ca. 200 Mann gefallen und 150 verwundet worden sein.

Auch an diesem Abwehrkampf dürften zahlreiche Zivilisten, darunter Frauen, Kinder und Alte, beteiligt gewesen sein, indem sie die Verteidiger mit Wasser, Nahrung, Munition und Wurfsteinen versorgten. Hätten zwei Verräter dem Sultan nicht die verzweifelte Lage in der Stadt geschildert – es fehlten Lebensmittel, Munition und Kämpfer –, wäre die Belagerung vermutlich aufgehoben worden. In seiner Wut über den gescheiterten Großangriff wollte der Sultan Mustafa Pascha hinrichten lassen. Als sich der erste Wesir für diesen einsetzte, wurde er ebenfalls mit dem Tode bedroht. »*Nur die dringenden Bitten sämtlicher Paschas, die darauf hinwiesen, daß nur die Christen den Nutzen davon hätten, wenn die Armee zwei wichtige Führer verlöre, bewogen Soliman schließlich zur Milde*«.[45]

Im Oktober war der Orden mit Verrat konfrontiert: Ein Portugiese wurde am 27.10. aufgegriffen, als er eine an einem Pfeil befestigte Botschaft zu den türkischen Linien schießen wollte. Sie besagte, dass die Türken Erfolg haben könnten, da die Situation in der Stadt verzweifelt sei. Unter Folter gestand der Mann, er habe schon früher Nachrichten im Auftrag seines Herrn Andrea d'Amaral, Großkanzler des Ordens und Pilier von Kastilien, an den Feind geschickt. Am 1.11. hätte er den Türken eine Pforte öffnen sollen. Bis heute ist unklar, wie es zum Verrat kam. Sicher ist, dass der Großmeister de l'Isle Adam und d'Amaral, der das Großmeisteramt angestrebt hatte, zerstritten waren. Ohne ein Geständnis und ohne sich zu verteidigen durchlebte d'Amaral Folter und Prozess. Am 5.11. wurden er und sein Diener hingerichtet. Ebenfalls hatte ein albanischer Flüchtling für die Türken spioniert.

Im Oktober erlitt der Ingenieur und Militärbaumeister Gabriele Tardini da Martengo, ein Bergamese, der während der Belagerung u. a. für den Bau von Auffangstellungen hinter der Stadtmauer und für den Bau von Gegenminen zuständig war, einen Kopfschuss und fiel für sechs Wochen aus. Der Großmeister hatte zwischenzeitlich Kämpfer aus anderen Befestigungen auf Rhódos, von Kós und aus St. Peter angefordert, doch die geringe Verstärkung brachte keine Wende. Die Türken nahmen Beschuss und Unterminierungen wieder auf und bereiteten einen neuen Sturmangriff vor. Teile der Militärführung hatte der Sultan ausgewechselt. Am 12.10. griffen Janitscharen den englischen Abschnitt an; die schwere Verwundung des sie führenden Agas führte zur Einstellung des Angriffs.

Kurz vor Ende Oktober gelang es türkischen Soldaten, Bereiche der Befestigung in den Abschnitten Italien und Provence einzunehmen; sie konnten vertrieben werden. Im November kam der Verteidigungsabschnitt Italien unter massives Dauerfeuer, während Mineure mindestens einen Stollen bis unter die innere Stadtmauer vortrieben und eine Sprengung vornahmen. Darauf ließ der Großmeister die nahebei stehende Kirche St. Pantaleon sowie eine Marienkapelle abbrechen, um zu verhindern, dass sich Angreifer darin festsetzten. Vermutlich fand das Abbruchmaterial Verwendung bei der Ausflickung beschädigter Abschnitte der Befestigung; manche Steine mögen als Wurfsteine genutzt worden sein.

Ähnlich massiv wie gegen den italienischen Abschnitt gingen Türken gegen den stark beschädigten Abschnitt der englischen *Zunge* vor. Die Schäden waren so groß, dass englische Ritter vorschlugen, »*das Bollwerk [...] aufzugeben, die Kasematten zu verminen und [...] den anrückenden Feind in die Luft zu sprengen*«.[46] Im Kriegsrat wurde der Plan abgelehnt. Besonders gefährlich wurde es am 30.11., als die Abschnitte England und Aragon attackiert wurden und es Angreifern gelang, im Abschnitt Aragon Fuß zu fassen. Die Verteidiger wurden im Nahkampf aus der unzureichend gesicherten Bresche bis in die dahinter angelegte Auffangstellung zurückgetrieben. Nach dem Läuten der Sturmglocken kam Verstärkung, darunter offenbar viele Bürger und Zivilisten. Auch die Angreifer erhielten Verstärkung. Ein plötzlicher Wolkenbruch, der die Schutzwälle vor türkischen Lauf- und Bereitschaftsgräben zerstörte, und das Feuer der endlich gegen die Angreifer gerichteten Geschütze des Abschnitts Auvergne stoppten den Angriff. An diesem Tag soll der Sultan 3.000 Mann verloren haben.

Insgesamt hatte das türkische Heer zu diesem Zeitpunkt bereits Verluste und Ausfälle von über 100.000 Mann durch Tod, Verletzung oder Krankheit,[47] davon ca. 50.000 Gefallene. Es erhielt jedoch im Gegensatz zu den Johannitern Verstärkung, ein Umstand mit dem diese kaum noch rechnen konnten. Kaiser Karl V. führte Krieg gegen Frankreich, was eine mögliche Unterstützung aus Spanien und Frankreich verhinderte. Venedig hatte kein Interesse, dem Orden zu helfen, und Papst Hadrian VI. sah sich mit leeren Kassen und dem Widerstand der Kurie gegen seine Reformpläne konfrontiert.

Anfangs gelang es einem Schiff, trotz Curtoglis Blockade der Stadt auf der Seeseite, in einen Hafen einzulaufen. Es brachte zwar nur, so heißt es, »*Nachschub, mehrere Soldaten und vier Ritter*«, doch der Sultan war derart aufgebracht über den Blockadebrecher und Curtoglis Versagen, dass er ihm auf seinem Flaggschiff die Bastonade verabreichen ließ. Auch später, kurz vor der Kapitulation, sollen ein oder zwei Schiffe mit wenigen Kämpfern, Lebensmitteln und Wein Rhódos erreicht haben. Zuvor war ein aus England kommendes Schiff mit Truppen für Rhódos im Golf von Biscaya gesunken.

Am 10.12. sandte der Sultan dem Großmeister durch Parlamentäre einen Brief, in dem er ihn aufforderte, die Stadt innerhalb von drei Tagen zu übergeben und ihm freien Abzug zusicherte. Aus den Aufzeichnungen des Jacques de Bourbon geht hervor, der Sultan habe gedroht, falls seine Forderung unerfüllt bliebe, würden weder »*Groß noch Klein*« entkommen und »*bis auf die Katzen*« würde »*alles in Stücke zerhauen*« werden. Zudem versuchte der Sultan, die Zivilbevölkerung zur Kapitulation zu bewegen, indem er die Aufforderung zur Übergabe an Pfeilen über die Mauern in die Stadt schießen ließ. Wie von Süleyman erhofft, kam eine Delegation zum Großmeister, um ihn – wohl auch im Namen des Metropoliten – aufzufordern, das Angebot anzunehmen. Er lehnte ab, was fast zum Aufstand führte. Der Große Rat beriet; der Bericht der mit der Prüfung der Verteidigungsfähigkeit der Befestigungen beauftragten, den hochrangigen Ritter sollte besprochen werden. Darin hieß es, Laufgräben seien an vielen Stellen vor die Befestigung geführt und Teile der Festung stark zerstört worden. Alle Ratsmitglieder befürworteten die Kapitulation, nachdem dargelegt worden war, dass das Pulver fast aufgebraucht und die Gesamtzahl der regulären Verteidiger, inklusive der Ritter, auf etwa 1.500 Mann reduziert worden war. Der Großmeister hielt jedoch dagegen: »*Seitdem der Orden sich mit den Ungläubigen im Kriegszustand befindet, hatten die Ritter einen ehrenvollen Tod für ihren heiligen Glauben einer bänglichen Erhaltung ihres Lebens vorzuziehen, und so soll es auch bleiben*«.[48] Das führte zu einer unentschiedenen Haltung im Großen Rat. Schließlich wurden zwei Ritter mit der Bitte, den Termin bis zur möglichen Kapitulation zu verlängern – wohl in der Hoffnung, es könnte Hilfe von außen kommen – zum Sultan entsandt. Jener ließ die Belagerung fortsetzen. Es gelang den Angreifern am 17.12. im Abschnitt Spanien in die Festung einzudringen, jedoch konnten sie sich nicht halten. Nach einem Sturm auf diesen Abschnitt nahmen türkische Soldaten ihn ein; die Verteidiger zogen sich in Auffangstellungen zurück. Bald danach ging Teilen der Ordensartillerie das Pulver aus. Der Großmeister befürchtete Sturmangriffe und Massaker, und nach den v.a. für die Belagerer verlustreichen Kämpfen, in deren Verlauf Teile der Befestigungen zu Steinhaufen zusammengeschossen worden sein sollen,[49] ließ er am 22.12. Kapitulationsverhandlungen beginnen.

Nach Unterzeichnung der Kapitulation blieben zwölf Tage, Vorbereitungen zum Abzug zu treffen. Das Ordensarchiv, Reliquien und Kultgeräte wurden zur Verschiffung vorbereitet. Kriegsgerät (wohl außer Kanonen) und Galeeren durften mitgenommen werden. Es wurde vereinbart, dass der Sultan dem Orden Schiffe stellen würde, falls nicht ausreichend Fahrzeuge zur Verfügung stünden, um Ritter, Soldaten und christliche Bewohner der Stadt, die Rhódos verlassen wollten, aufzunehmen.

Der Orden hatte dem Sultan alle Befestigungen auf Rhódos und den Inseln sowie den Brückenkopf St. Peter zu übergeben. Schon im September hatten Abgesandte der Inseln Nísyros und Tilos ihm die Schlüssel zu ihren Burgen ausgehändigt. Zu Weihnachten übergab der Großmeister einem Janitscharen-Aga das Kommando; mit seinen Truppen besetzte er die militärischen Positionen der Stadt. Fünf Tage nach Unterzeichnung des Kapitulationsvertrages kamen Janitscharen nach Rhódos, die zuvor an der persischen Grenze stationiert gewesen waren. Entgegen dem Vertrag begannen sie mit den Plünderungen; v.a. betrafen ihre Übergriffe die Konventskirche St. Johannes, wo sie Altäre und Statuen zerstörten und Teile der Einrichtung schändeten. Sie sollen in der Kirche bestattete Großmeister aus ihren Gräbern gerissen haben. Im infolge der Belagerung überfüllten Ordenshospital wurden Patienten aus Betten gezerrt und *»auf die Straße geworfen«* und das Silbergeschirr des Hospitals gestohlen. Wohl nach der Intervention des Großmeisters ließ der türkische Befehlshaber dem Janitscharen-Aga, dem die Plünderer unterstanden, mitteilen, er könne seinen *»Kopf verlieren«*, wenn sich seine Janitscharen nicht an die Kapitulationsvertragsbedingungen hielten.

Am 1.1.1523 verließen etwa 50 Schiffe Rhódos. Sie transportierten ca. 180 Ritter, Soldaten sowie 4.–5.000 Einwohner von Rhódos nach Candia/Kreta. Die Flüchtlinge von Rhódos erwarteten dort die Bewohner anderer Inseln des Ordensstaates und die Garnison von St. Peter. Erst 1530 fand der Orden in Malta seine neue Heimat.

1 Hiestand 1980, S. 79f.
2 Borchhardt 2008, S. 60.
3 Zit. nach Wienand ³1988, S. 145.
4 Steven Runciman: Geschichte der Kreuzzüge. München 1989 (Original: A History of the Crusades. Cambridge 1950-54), S. 1209.
5 Luttrell 1975, S. 282; hiernach auch die folgenden Angaben zur Geschichte des Ordensstaates bis 1421.
6 Zit. nach Wienand ³1988, S. 155.
7 Zit. nach ebd., S. 149.
8 Ebd.
9 Luttrell 2006, S. 57.
10 Sarnowsky 2001, S. 226.
11 Luttrell 1975, S. 287.
12 Luttrell 2006, S. 57.
13 Herquet 1878, S. 31.
14 Ebd., S. 34.
15 Ebd., SS. 100.
16 Zit. nach v. Winterfeld 1859, S. 204.
17 Sarnowsky 2001, S. 430.
18 Ross II 1843, S. 168.
19 Lehmann 1985, S. 47.
20 Zu den Burgen Losse 2011, S. 124–129.
21 Luttrell 1991, S. 147.
22 Josef Matuz: Das Osmanische Reich. Grundlinien seiner Geschichte. Darmstadt 1985, S. 29.
23 Rödel ²1972, S. 77.
24 Ebd.
25 Wienand ³1988, S. 168.
26 Die Zitate Caoursins in diesem Kapitel entstammen der 1480/81 in Passau erschienenen Ausgabe in der Übertragung von Dr. Uwe Ochsendorf. Hinweise auf die Textstellen sind in Klammern hinter die Zitate gesetzt. – Die Darstellung der Ereignisse folgt Wienand 31988, der die Ulmer Ausgabe von 1496 zugrundelegte.
27 Englische Übersetzung von J. Kaye: The Dylectable newessee und Tithyngs of the Gloryoos Victorye of the Rhodyns Agaynst the Turkes, hrsg. bei Caxton, 1496.
28 Cod. Par. Lat. 6067 *(Codex Caoursin)*.
29 Mitt. Dr. Anthony Luttrell. Zur Ernte unreifen Getreides Caoursin 1480/81, 295v.
30 Zur Spionage Caoursin 1480/81, 294v, 296r–297r.
31 Schmidtchen 1977, S. 42. Caoursin 1480/81 berichtet hingegen, dass Riesenbüchsen in den ersten Tagen nach Landung der Invasionstruppen in Stellung gebracht wurden.
32 Wienand 31988, S. 173.
33 Wienand 31988, S. 173 berichtet, die Flotte habe 16 »riesige Schleudermaschinen für Steinkugeln herbeigebracht«, was sowohl Caoursin als auch der Einschätzung von Schmidtchen 1977, S. 42, widerspricht.
34 Schmidtchen 1977, S. 184, Anm. 553, unter Bezug auf Charles Ffoulkes: The gun-founders of England. London ²1969.
35 Bradford 1972, S. 102.
36 Ebd., S. 103.
37 Matuz 1985, S. 73.
38 Felix Faber, zit. nach Gerhard E. Sollbach: In Gottes Namen fahren wir. Die Pilgerfahrt des Felix Faber ins Heilige Land und zum St. Katharina-Grab auf dem Sinai A. D. 1483. Kettwig 1990, S. 58f.
39 Spiteri 1994, S. 232.
40 Den Briefwechsel publizierte von Winterfeld 1859.
41 Wienand ³1988, S. 178.
42 Bradford 1972, S. 123.
43 Zit. nach Wienand ³1988, S. 181.
44 De Bourbon hinterließ Aufzeichnungen über seine Zeit auf Rhódos: La grande et merveilleuse et très cruelle oppugnation, 1525.
45 Bradford 1972, S. 126.
46 Wienand ³1988, S. 184.
47 Joseph von Hammer-Purgstall: Geschichte des Osmanischen Reiches. 10 Bde. Pest 1827-35 (Nachdruck Graz 1963).
48 Zit. nach Wienand ³1988, S. 185.
49 Kollias 1991, S. 56.

29. Kástro (Chálki). Die um 1500 zur Festung ausgebaute Ordensburg integriert Bauteile einer in byzantinischer Zeit umgebauten antiken Akropolis. Im Hintergrund Rhódos mit dem markanten Burgberg von Mesanagrós (© ML).

BURGEN, FESTUNGEN UND WEHRBAUTEN DER JOHANNITER IM ÄGÄISCHEN ORDENSSTAAT

Anmerkungen zum Forschungsstand

In den Bereich der Schriftquellen gehört das erste hier zu nennende Werk, in dem die Burgen der Dodekanes (29) in Wort und Bild (abbreviaturhaft) Darstellung fanden: Der ab 1406 auf Rhódos ansässige Mönch Cristoforo Buondelmonti (1380–1430) aus Florenz hinterließ eine Beschreibung der griechischen Inseln, die zu seinen Lebzeiten nicht gedruckt wurde. Von 1420 stammt die erste Manuskriptausgabe seines *Liber Insularum Archipelagi*, die er Kardinal Giordano Orsini widmete. Nachdem der 1422 von Buondelmonti für die Publikation redigierte, gekürzte Text schon lange rezipiert worden war,[1] entdeckten Wissenschaftler um 1900 die unredigierte Fassung des Textes.[2] Buondelmonti differenziert nicht zwischen Burgen und befestigten Ortschaften im heutigen Verständnis, doch ist uneinheitliche Terminologie allgemein ein Phänomen des Spätmittelalters. So konnte *slos* bzw. *geslos* als Synonym für Burg sowohl ein Hafenfort als auch eine befestigte Siedlung bezeichnen.

Ergiebig für die an Wehrbauten der Johanniter interessierte Burgenforschung sind einige Publikationen Gelehrter und Reisender des 19. Jh. wegen der Vielzahl einzelner Beobachtungen (u. a. Charles T. Newton 1856). Stellvertretend seien im Folgenden Ludwig Ross (1806–59) und Albert Berg (1825–84) zitiert.

Ross, »*ordentliche[r] Professor der Philologie und Archäologie an der Universität zu Halle*«, zuvor »*Oberconservator der Alterthümer*« und Professor der Archäologie an der *königl. Otto's=Universität* in Athen, publizierte 1840/45 sein Werk *Reisen auf den griechischen Inseln des ägäischen Meeres*, in dem er zu dem Fazit kam: »*Vielleicht haben wenige Länder in Europa, selbst Italien und Spanien nicht ausgenommen, so viele schöne und malerische Ruinen von Ritterburgen in dem edlen Style des fünfzehnten Jahrhunderts aufzuweisen als Rhódos.*«[3]

Der Weltreisende Albert Berg war ein Landschaftskünstler im Umfeld des Gelehrten Alexander v. Humboldt, der ihn dem König von Preußen empfahl. Aufträge der preußischen Regierung führten Berg in verschiedene Länder, so 1853 nach Rhódos. Sein Buch *Die Insel Rhodus, aus eigener Anschauung und nach den vorhandenen Quellen historisch, geographisch, archäologisch, malerisch beschrieben und durch Originalradirungen und Holzschnitte nach eigenen Naturstudien und Zeichnungen illustrirt* (1862) bietet viele Beobachtungen zu Burgen.

Wichtig, wenn auch unvollständig und teils überholt, bleiben Publikationen der italienischen Besatzungszeit 1912–43 (Gerola, Lojacono, Maiuri), zumal sie Bauaufnahmen und Fotografien nicht erhaltener Bauzustände präsentieren.

Die neuere burgenkundliche Fachliteratur zu Wehrbauten der Johanniter ist überschaubar, wobei die Festung Rhódos immer im Zentrum steht (Gabriel 1922–23). Grundlegende Forschungsergebnisse dazu publizierte Ilias Kollias, damals Leiter des 4th Ephorate of Byzantine Antiquities in Rhódos. Sein Interesse galt der Ordensarchitektur und den Wandmalereien der Ritterzeit. Seine wichtigsten Werke sind *The City of Rhodes and the Palace of the Grand Master* (1988) und *The Knights of Rhodes*

30. Líndos (Rhódos), Akropolis, zum byzantinischen Kástro und später zur Ordensburg ausgebaut. Am Hang Reste des antiken Theaters (© ML).

(1991). 2001 war er Herausgeber des Buches *Medieval Town of Rhodes Restoration Works (1985–2000)* und lieferte 2002 den kurzen, noch unvollständigen Überblick *The castles of the Knights Hospitallers in the Dodecanese Islands*. Anna-Maria Kasdagli, Katerina Manoussou-Della, Angeliki Katsioti und Maria Michaelidou, Mitarbeiterinnen der Ephorate in Rhódos, publizierten wichtige archäologische Untersuchungen zu Wehrbauten der Johanniter.

Jean-Christian Poutiers veröffentlichte Arbeiten über Befestigungen der Johanniter im Ordensstaat mit Bauaufnahmen und Grundrissen: *Les Établissements des Hospitaliers dans la mer Égée: Villages fortifiés et Bourgs maritimes* (1984) und *Rhodes et ses Chevaliers (1306–1523). Approche historique et archéologique* (1989). Mit seinem umfänglichen, Ordensburgen und -wehrbauten von den Anfängen im »Heiligen Land« bis zum Ende des Ordensstaates in Malta 1798 darstellenden Werk *Fortresses of the Cross. Hospitaller Military Architecture (1136–1798)* lieferte Maltas führender Festungsforscher Stephen C. Spiteri 1994 ein Kompendium mit zahlreichen Grundrissen, Detailzeichnungen und Rekonstruktionen; 2001 folgte die überarbeitete, gekürzte Fassung *Fortresses of the Knights*. Spiteris Arbeit gilt als Grundlagenwerk, seine Zeichnungen wurden (oft ungefragt) von anderen Autoren genutzt und teils, nachträglich koloriert, als eigene Rekonstruktionen abgedruckt.

Unvollendet blieben die Arbeiten der verstorbenen Kollegin Alexandra Stefanidou, die ihre Erkenntnisse zu den *Castles of the Knights Hospitallers* (2002) zusammenfasste. Mit mittelalterlichen Burgen (Kástra) und Befestigungen, nicht nur des Ordens, auf Kós befasste sich Nikos A. Kontojiannis 2002.[4] Zur Basis aller Forschungen zu Wehrbauten der Johanniter in der Ägäis gehören die Publikationen des Historikers Anthony Luttrell.

Die Ergebnisse meiner Forschungen (Quellen-/Literaturauswertung; Surveys und Begehungen; einzelne Befundungen), die im Austausch mit Kollias († 2007) und Spiteri stattfanden, wurden seit 1997 in einer Reihe von Aufsätzen und dem historischen Überblick *Die Kreuzritter von Rhódos. Bevor die Johanniter Malteser wurden* (2011) dargelegt. Ein Katalog aller erfassten Burgen, Festungen, befestigten Siedlungen, Wachttürme und Turmhäuser (nebst Datenbank) in Verbindung mit einer ausführlichen burgen- und festungskundlichen Analyse ist in Arbeit.

Einen Hinweis verdient das Programm *Castrorum Circumnavigatio* des griechischen Archeological Receipts Fund of the Ministry of Culture, das mit Untersuchungen und Forschungen an ausgewählten Objekten in ganz Griechenland verbunden war und die didaktische Erschließung der Bauten für den Tourismus zum Ziel hatte. Mehrere Objekte auf den Dodekanes wurden in diesem Zusammenhang (nicht in allen Fällen überzeugend) restauriert und touristisch erschlossen, im Falle des Kástro von Chóra/KAL sogar mit einem Museum ausgestattet, das inzwischen infolge der »Krise« geschlossen wurde.

Befestigungen und Wehrbauten auf den Dodekanes vor der Johanniter-Herrschaft

Groß ist die Zahl vor- und frühgeschichtlicher/antiker Wehrbauten auf den Dodekanes. Unter jenen sind für unser Thema einzelne elaborierte hellenistische Befestigungen (4. Jh. v.Chr.) relevant, deren vielfach ausgeklügelte Defensivanlagen (u. a. Flankierungen, Schießscharten, Poternen) wohl Impulse für mittelalterliche Wehrbauten gaben. Nach einer These war eine Wurzel der Bastion, des prägenden Elements frühneuzeitlichen Wehrbaus, das pentagonale, kasemattierte Flankierungswerk hellenistischer Befestigungen.

Interessant sind von den Johannitern ausgebaute antike »Burgen« und Pýrgoi (Alimía). Manche Akropolis wurde zur Ordensburg, so in Líndos (30), Megálo Chorió/TIL, auf Sými (31f), Chálki und Kastellórizo. Viele antike Befestigungen, darunter alle genannten, waren in der byzantinischen Epoche noch/wieder Wehrbauten und entsprechend ausgebaut.

Zu den ältesten vom Orden genutzten »alten« Wehrbauten gehören Kástro stó Stavró und Emporeiós auf Nísyros. Ihre Beringe weisen Partien von Megalithmauerwerk auf, an ersterem durch Erdbeben in den 1990er Jahren zerstört, in Emporeiós v. a. im Bereich der Tore erhalten. Beide Befestigungen könnten auf die im 17./13. Jh. v.Chr. auf den Dodekanes ansässigen frühgriechischen Stämme (Mykener bzw. Achaier) zurückgehen.

Wesentlich jünger ist die antike Vorgängeranlage der Festungsstadt Rhódos des Ordens. In ihr ist die im Hippodamischen System mit sich rechtwinklig kreuzenden Straßen angelegte hellenistische Stadt ablesbar, deren Ruinen Steine als Baumaterial boten.

Das »Ende der Antike im Osten« und den Beginn der mittelalterlichen Geschichte von Byzanz sehen Historiker im 7. Jh. Nachdem es Byzanz durch Eroberungen unter Kaiser Justinian (527–65) gelungen war, das Reichsgebiet zu erweitern, brachte das 7. Jh. Gebietsverluste sowie strukturelle Veränderungen für Zivilsiedlungen und Befestigungen. Die arabisch-muslimische Expansion nahm ihren Anfang. Das Byzantinische Reich musste in seinen Anfängen für etwa 200 Jahre zahllose arabische Angriffe ertragen und war erst im 9. Jh. zu einzelnen Rückeroberungen in der Lage.

Dem Reich verblieb das weitere Gebiet um Konstantinopel, ein größerer, durch arabische Angriffe gefährdeter Teil Kleinasiens, Unteritalien, Sizilien und die Ägäis-Inseln. In jenen existenziell bedrohlichen »Dunklen Jahrhunderten«, aus denen Schriftquellen fehlen, konzentrierte Byzanz alle Kräfte auf die Verteidigung. Die meisten Burgen, Befestigungen und befestigten Städte in Griechenland werden heute undifferenziert *Kástro* genannt, doch im Byzantinischen Reich des 7. Jhs. bezeichnete kastron ursprünglich, in Abgrenzung zur antiken polis, be-

31. Chório (Sými), Akropolis (Kástro) mit byzantinischen und johanniterzeitlichen Um- und Zubauten (© ML).

32. Chório (Sými), Kástro. Johanniterzeitlicher Torbau in Form eines Viertelrondells, nach 1513; rechts Wehrmauer der antiken Akropolis (© ML).

33. Palaiókastro über Mandráki (Nísyros). Befestigung der hellenistischen Stadt (4. Jh. v. Chr.) mit flankierenden turmartigen Werken, Akropolis, Feldseite (© ML).

festigte Siedlungen mit einer Garnison zum Schutz des Umfeldes gegen arabische Überfälle. Es scheint, dass die bäuerliche Zivilbevölkerung oft außerhalb der Mauern wohnte, sich bei Angriffen jedoch in die *kastra* zurückzog. »Stadt«-Herr war wohl der Kommandant. Die *kastra* ersetzten zu Beginn der Dunklen Jahrhunderte ältere, wegen permanenter Gefahr arabischer Überfälle aufgegebene Küstenorte. Viele der auf den Dodekanes kaum erforschten *kastra* liegen auf unzugänglichen Höhen (z.B. Palaiókastro/ TIL) und sind heute nur noch über »Ziegenpfade« zu erreichen. Solche *kastra* wurden nur vereinzelt vom Orden genutzt, manche vielleicht als »Fliehburgen« für die Zivilbevölkerung instandgehalten.

Neben den recht großflächigen *kastra* in Gebirgen gibt es auf den Dodekanes küstennahe byzantinische Befestigungen, die angeblich im 10. Jh. entstanden, als nach Ende der Gefährdung durch die Araber neue Siedlungen angelegt wurden. Zu jenen werden die vom Orden genutzten bzw. ausgebauten Befestigungen Kastélli (34) und Kástro über Chóra/KAL gezählt. Kastélli, auf einem ins Meer ausspringenden Sporn am Kanal von Télendos gelegen, setzt sich aus der Burg auf dem Gipfel der Spornkuppe und der mit ihr verbundenen ummauerten Siedlung zusammen. Keine separierte Burg im Anschluss an den Bering gibt es an dem im 15./16. Jh. vom Orden neu befestigten Kástro von Chóra (35–37). Wohl an höchster Stelle der Siedlung stand der Wohnbau des Kommandanten. Möglicherweise entstanden beide *kastra* erst E. des 11. Jh., als die Ausbreitung türkischer Stämme in Kleinasien zum Bau neuer *kastra* führte, wofür eine Sondersteuer eingetrieben wurde.

34. Kastélli (Kálymnos). Die byzantinische Burg mit befestigter Siedlung (wohl 10. Jh., auf der Kuppe der kleinen Halbinsel links im Bild) wurde von den Johannitern genutzt. Im Hintergrund die Insel Télendos mit dem Kástro Aj. Kónstantinos aus den Dunklen Jahrhunderten und einer vom Orden ausgebauten Burg (beide liegen am Steilhang der Insel mit Blick auf Kálymnos). Links im Bild, auf der Halbinsel hinter Kastélli, der Vígla genannte Berg, ein unbefestigter Wachtposten (© ML).

BEFESTIGUNGEN UND WEHRBAUTEN AUF DEN DODEKANES VOR DER JOHANNITER-HERRSCHAFT

35. Chóra (Kálymnos), Kástro. Der befestigte mittelalterliche Hauptort der Insel war eine byzantinische Siedlung in Schutzlage (10./11. Jh.?) nahe der Küste. Der Orden baute sie zur Verteidigung mit Feuerwaffen aus. Letzte Umgestaltungen der Wehranlagen erfolgten in osmanischer Zeit unter Aufgabe einiger Geschützstände zur besseren Infanterieverteidigung, d. h. die Türken rechneten nicht mit größeren Angriffen, sondern allenfalls mit Aufständen der Bevölkerung. Im Vordergrund die Stadt Póthia mit Bauten der italienischen Besatzungszeit (© ML).

BURGEN, FESTUNGEN UND WEHRBAUTEN DER JOHANNITER

36. Chóra (Kálymnos), Kástro. Teilansicht (© ML).

37. Chóra (Kálymnos), Kástro. Grundriss auf einer Informationstafel im Kástro (© ML).

ΥΠΟΜΝΗΜΑ

1. ΕΙΣΟΔΟΣ
2. ΕΛΑΙΟΤΡΙΒΕΙΟ
3. ΠΥΡΓΟΣ ΜΕ ΣΤΕΡΝΑ
4. ΠΥΡΓΟΣ ΠΥΡΟΒΟΛΟΥ
5. ΚΛΕΙΣΜΕΝΗ ΠΥΛΗ
6. ΠΥΡΓΟΣ ΜΕ ΠΟΛΕΜΙΣΤΡΕΣ
7. ΠΥΡΓΟΣ ΠΥΡΟΒΟΛΩΝ
8. ΠΟΡΤΕΛΙ
9. ΕΛΑΙΟΤΡΙΒΕΙΟ
10. ΑΓΙΟΣ ΓΕΩΡΓΙΟΣ
11. ΚΟΙΜΗΣΗ ΤΗΣ ΘΕΟΤΟΚΟΥ
12. ΑΓΙΟΣ ΝΙΚΟΛΑΟΣ
13. ΑΓΙΟΣ ΙΩΑΝΝΗΣ Ο ΠΡΟΔΡΟΜΟΣ
14. ΑΓΙΟΣ ΓΕΩΡΓΙΟΣ-ΑΓΙΑ ΑΝΝΑ
15. ΑΝΑΛΗΨΗ ΤΟΥ ΣΩΤΗΡΟΣ
16. ΑΓΙΟΣ ΝΙΚΗΤΑΣ
17. ΑΓΙΑ ΠΑΡΑΣΚΕΥΗ
18. ΤΙΜΙΟΣ ΣΤΑΥΡΟΣ
19. ΜΕΤΑΜΟΡΦΩΝ ΤΟΥ ΣΩΤΗΡΟΣ
20. ΔΥΤΙΚΗ ΥΔΑΤΟΔΕΞΑΜΕΝΗ
21. ΑΝΑΤΟΛΙΚΗ ΥΔΑΤΟΔΕΞΑΜΕΝΗ
22. ΙΣΟΓΕΙΑ ΟΙΚΙΑ
23. ΔΙΩΡΟΦΗ ΟΙΚΙΑ

Burgen und Wehrbauten der Johanniter auf den Dodekanes

Derzeit lassen sich über 340 antike und mittelalterliche Wehrbauten auf den Dodekanes (38) nachweisen, von denen mindestens 109 sicher (beweisbar) oder sehr wahrscheinlich (Indizien) vom Johanniter-Orden genutzt wurden. Es sind Neubauten sowie Um- und Ausbauten antiker oder byzantinischer Befestigungen.

Vorausgeschickt sei hier, dass ein ausgeprägter Typus »der« ägäischen Johanniter-Burg nicht existierte, doch lassen sich die meisten Befestigungen des Ordens diesem wegen bestimmter Merkmale (u. a. Zinnenformen) meist auf den ersten Blick zuordnen.

Die Wehrbauten des Ordensstaates wurden in acht funktionale Typen eingeteilt,[5] die nicht in allen Fällen eindeutig voneinander zu unterscheiden sind, zumal es im Laufe der Geschichte vieler Objekte Veränderungen in Hierarchie und Funktion gab. Zudem sei betont, dass die Bauherren bei der Errichtung der Burgen nicht in Typologien planten, was die uneinheitliche Terminologie für solche Objekte in den benutzten Quellen des 15./16. Jh. belegt. Die folgende Klassifizierung dient somit lediglich einem besseren Überblick über Befestigungen der Johanniter. Die Einteilung in funktionale Kategorien ist nicht identisch mit der architektonischen Kategorisierung.

1. Befestigte Residenz- und Festungsstadt: Rhódos mit der Großmeisterburg ist das einzige Objekt dieser Kategorie. Die Stadt vereinte alle Zentralfunktionen – sie war die repräsentative Residenz des Ordens, Regierungs- und Verwaltungsort sowie der stärkste Wehrbau im Ordensstaat. Auf den Ausbau der Stadt mit der Großmeisterburg verwandte der Orden die meisten Mittel.
2. Burgen und Befestigungen mit überregional relevanten Verwaltungs-, Wirtschafts-, Verteidigungs- und Schutzfunktionen, darunter alle, die der Sitz einer *castellania* waren.
3. Burgen regionaler Bedeutung.
4. (Küsten-)Wachttürme.
5. Landsitze ohne nennenswerte Wehrelemente, meist Wohntürme/Turmhäuser auf dem Land oder in unbefestigten Orten.
6. Schutzdörfer.
7. (Unbefestigte) Wachtposten.
8. Befestigte Klöster. – Sie spielten in Verteidigungskonzepten des Ordens wohl keine Rolle.

Ein bislang unbeachtetes Element des Schutzes der Zivilbevölkerung im Angriffsfall sind von uns mit dem Arbeitsbegriff »Fluchtfelsen« bezeichneten Positionen in der Nähe unbefestigter Siedlungen, deren Lage wenig Schutz bot. So benötigten Menschen auf den Inseln durch die Jahrhunderte hinweg Fluchtorte wegen der Piratenüberfälle, die

38. Rhódos, Stadtbefestigung, rechteckiges »Bollwerk« im Abschnitt der Provence, vor/um 1500 (© ML).

wohl nur selten mit Belagerungen verbunden waren. Korsaren wollten schnell Beute machen und Menschen fangen, um sie als Sklaven zu verkaufen. Potenziell verlustreiche, wegen möglichen Entsatzes gefährliche Belagerungen und mehrtägige Märsche ins Hinterland der Küsten wurden meist vermieden, vielmehr war ein schneller Rückzug auf die Schiffe ratsam. Insofern werden bei künftigen Surveys potenziell als »Fluchtfelsen« notdürftig mit Steinwällen, Trockenmauern, Dornensträuchern etc. gesicherte Berge zu untersuchen sein, die als Fluchtorte für wenige Tage nutzbar waren. Der Nachweis wird in den meisten Fällen sehr schwierig oder unmöglich sein.

Erinnerungen an solche Schutzorte sind in lokaler Überlieferung auf den Inseln greifbar: Bei Arginónda/KAL zeigte uns ein Bauer einen unbefestigten, von der Bevölkerung *Kástro* genannten Felsen am Rand einer steilen Spülrinne mit hohlwegartigem Aufstieg, bei dem es sich nicht um einen abgetragenen Burgstall handelt, da das Gebiet rundum genügend Kalkstein als Baumaterial bietet. Auch die Felswand im engen, steilwandigen, als Fußweg ins Gebirge genutzten Bachtal hinter dem Küstenort Mándriko/RHO bot wahrscheinlich Rückzugsmöglichkeiten. Möglicherweise ist der Bergname *Parápyrgos*/IKA ein Hinweis auf die Nutzung des sogenannten Berges als »Fluchtfelsen«.

Letztlich zeigen einige byzantinische *kastra*, ohne Ringmauer mit abgemauerten Terrassen in Felsspalten und leicht zu blockierenden Aufstiegen (Áj. Ioánnis/AST; Kastéli/KOS, vom Orden durch Mauer mit Schießkammern gesichert), ähnliche Strukturen wie die möglichen »Fluchtfelsen«. Auch die befestigte Siedlung der Dunklen Jahrhunderte Áj. Konstantínos, in steilem Hanggelände auf Télendos, umgibt keine Ringmauer, sie schützte eine Wehrmauer in Form einer riesigen Terrassenmauer.

39. Rhódos, Stadtbefestigung. Carretto-Rondell im Verteidigungsabschnitt Italien. Links im Bild die gemauerte Kontereskarpe (© ML).

Die mögliche Nutzung solcher Anlagen zur Johanniterzeit ist nur schwer oder nicht nachweisbar.

Die Großmeisterburg und die Festungsstadt Rhódos als Residenz des Ordens

»*Bei der Landung in Rhódos erblickten wir [...] die Festung, die für so lange das unbezwingbare Bollwerk der lateinischen Christenheit im Osten gebildet hatte, und die, obwohl von Erdbeben und Kanonen zerschmettert, uns immer noch eines der edelsten und lehrreichsten Beispiele der Festungsbaukunst im 15. Jahrhundert bietet.*« Diese Worte fand Charles Thomas Newton (1865) angesichts der Befestigung der Stadt Rhódos (39), über 340 Jahre nach der letzten großen Ausbauphase der Festungsstadt.[6]

Als »unbezwingbar« erwies sich die Johanniter-Festung 1444 gegen ein mamlukisches Heer und 1480, für 89 Tage, gegen ein türkisches Belagerungsheer. Die türkische Belagerung 1522 endete, trotz massiver Verstärkung der Befestigung ab 1480, wegen Munitionsmangels und ausbleibenden Entsatzes mit dem Sieg der Türken. Der Sultan erlaubte nach der Kapitulation den ehrenvollen Abzug der Verteidiger.

Die *Kástro* genannte befestigte Altstadt liegt sö der Inselnordspitze. Nördlich schließt der Mandráki-Hafen an, in ihre NO-Ecke schneidet der Handelshafen (*Emporeiós*-Hafen) ein. Auf den anderen Seiten reichen historisierende und moderne Bauten der Neustadt bis an die Stadtbefestigung heran und beeinträchtigen deren monumentale Wirkung.

Kunsthistoriker und Bauforscher zählen die Altstadt von Rhódos zu den bedeutendsten, besterhaltenen spätmittelalterlichen Städten Europas. Trotz der langen Zugehörigkeit zum Osmanischen Reich 1523–1912 ist Rhódos eine (west-)europäisch-gotische Stadt, wenn auch mit markanten osmanischen Einbauten. Durch die Vielzahl weitgehend erhaltener gotischer Wohnhäuser, Paläste und Kirchen und die fast komplett im Zustand des 15./frühen 16. Jh. erhaltene Stadtbefestigung ist Rhódos ein einzigartiges mittelalterliches Monument und als solches UNESCO-Welterbe.

Als vom Orden geschaffene Gesamtheit wird die Stadt im Folgenden, über die Burg und die Festung hinaus, mit den wichtigsten Johanniter-Bauten vorgestellt.

Die Großmeisterburg (Großmeisterpalast)

Die mit der Stadtmauer verbundene Großmeisterburg (40-44) in der NW-Ecke der Stadt war die Residenz eines Souveräns, der einen hohen Rang in Europa einnahm.[7] Die (Groß-)Meister pflegten Umgang mit Künstlern, Schriftstellern, Wissenschaftlern und Philosophen. Bedeutend waren die Antikensammlungen und Gärten der Residenz, die den Mittelpunkt aller politischen Aktivitäten des Ordens bildeten.

In der heutigen Form ist die Burg die Neuschöpfung eines monumentalen Gouverneurspalastes im Geiste des Faschismus, die der italienische Gouverneur der Dodekanes, Cesare Maria de Vecchi, 1937 unter Leitung des Architekten Vittorio Mesturino beginnen ließ. Der Neuaufbau nahm wenig Rücksicht auf bauliche und historische Gegebenheiten; es kam zum Abbruch der meisten Gebäude in unmittelbarer Nähe der Burg durch die Anlage des Gartens auf der Ost- und des Platzes auf der Südseite. Da vor dem Neuaufbau keine Ausgrabungen erfolgten, sind Spuren von Vorgängerbauten größtenteils vernichtet. So bleibt unbekannt, wann die Anhöhe, auf der die Burg steht, zuerst befestigt war. Die Vermutung, hier hätte die »untere Akropolis« der antiken Stadt gestanden, basiert auf der Existenz antiker Wehrmauern im Bereich der Burg. Auch in Schriftquellen genannte Befestigungen der Araber (7. Jh.) und Byzantiner (9./10. Jh.) wurden hier vermutet, doch sind alle Aussagen bezüglich der ersten Burg auf der Anhöhe bisher Spekulationen. Sicher ist, dass hier eine byzantinische Burg stand.

Bauarbeiten der 1320er Jahre an der nunmehrigen Meisterburg belegten das einst über dem Südportal der Hauptburg sitzende Wappen Helions de Villeneuve. Über weitere Ausbauten vor 1481 ist wenig bekannt. 1481 wurde die wohl bei der Belagerung 1480 beschädigte Burg durch ein Erdbe-

40. Rhódos, Großmeisterburg und Mandráki-Hafen (© ML).

42. Rhódos, Großmeisterburg. Hauptfassade mit Doppelturmtor (© ML).

41. Rhódos, Großmeisterburg. Blick über die Stadtmauer (© ML).

43. Rhódos, Großmeisterburg. Hauptburg nach der Zerstörung durch die Explosion 1856. Zeichnung »Façade méridionale du Palais« aus: E. Flandin: Voyage à l'île de Rhodes. Paris 1862, pl. 22.

ben so stark zerstört, dass d'Aubusson umfängliche Neuaufbauten veranlasste. Die Explosion des Pulvermagazins im Turm der Konventskirche 1856 zerstörte die Burg weitgehend. Nur das EG blieb erhalten (43) und diente bis 1912 als türkisches Gefängnis.

Heute präsentiert sich die Hauptburg als unregelmäßige Vierflügelanlage (ca. 80 × 75 m). Der aus hellbraunem bis ockerfarbigem Kalkstein aufgeführte Bau ist zwei- bis dreigeschossig, seine Hauptfassade flankieren drei halbrunde Türme, die ihn um ein Geschoss überragen; zwei sind Teil des Hauptportals, eines Doppelturmtors. Zum spätmittelalterlichen Baubestand gehören die unteren Bereiche der Außenwände, etwa in EG-Höhe, der geböschte Unterbau des über älteren Fundamenten stehenden Doppelturmtores und ein Teil der Meisterwohnung. An der SO-Ecke steht ein hufeisenförmiger Turm, und an der Westseite öffnet sich ein Tor, von einem hohen rechteckigen Turm (wohl E. 15. Jh.) flankiert.

Ein starker Rechteckturm stand in byzantinischer Zeit an der NW-Ecke der Burg, der im Westen und Norden in der Spätphase der Ordensherrschaft aufgeschüttete, feldseitig mit Stützmauern versehene Geschützplattformen vorgelegt wurden. Die Ausdehnung des Palastgartens ist nicht bekannt, doch könnten die Plattformen in diesen integriert gewesen sein.

Ein Turm war in das spätmittelalterliche Wachtturmsystem der Johanniter einbezogen: Seit 1510 hatten vier aus verschiedenen *Zungen* stammende Ordensbrüder, »*einer als Kapitän, ihre Wohnung auf dem Turm des Ordensschlosses zu beziehen, um dort Wache zu halten*«.[8]

Vier Flügel rahmen den Innenhof der Hauptburg (50 × 40 m, 46), unter dem etwa zehn Kornspeicher lagen; drei sind unter der Ostecke erhalten. Den Hof umgaben im EG gewölbte Lagerräume, Stallungen, Küchen etc.

Von den nicht im Original erhaltenen OG-Räumen sind aus Schriftquellen der Große Saal (*Gran sala del Palagio Magistrale*) und der Große Ratssaal (*Gran sala del Consiglio*) bekannt, wobei es sich um denselben Saal handeln mag. Weitere repräsentative Räume sowie die Privaträume des Großmeisters (*Margarites*) lagen dort. Aus Schriftquellen, oft den Berichten frühneuzeitlicher Reisender, weniger aus der Beschreibung des Ordenschronisten G. Bosio (1594–1629), der die Burg nicht aus eigener Anschauung kannte, und aus Buchmalereien in der im früheren 16. Jh. entstandenen Prachthandschrift der Chronik der Belagerung von 1480 (*Codex*

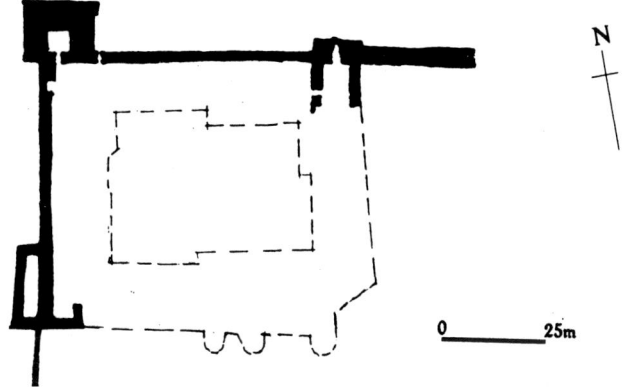

44. Rhódos, Großmeisterburg und collachium; oben: Hauptburg mit den integrierten Mauern des byzantinischen kastron; unten: die Burg (oben links) mit dem collachium (Spiteri 1994).

Caoursin, cod. Par. Lat. 6097, Paris, Nationalbibliothek) ergeben sich Anhaltspunkte zur Ausstattung der Burg.[9] Demnach war das aus feinteiligem Kalksandstein aufgeführte, sorgfältig bearbeitete und gefugte Quadermauerwerk der meisten Innenräume unverputzt. Ausnahmsweise gab es Fresken, viele Wände schmückten Wandteppiche. Geheizt wurden viele Räume mit Marmorkaminen. Die hölzernen Decken der Empfangs-, Versammlungs- und Aufenthaltsräume im OG waren »*vermutlich mit floralen und geometrischen Motiven, Tieren und Menschengestalten bemalt*«. Als Bodenbeläge der repräsentativen öffentlichen Räume wurden bunte Marmorplatten (vgl. den Boden der Klosterkirche

45. Rhódos, collachium (© Google earth).

von Filérimos, **47**) oder Keramikfliesen vermutet. Bunte Fensterverglasungen zeigten Meisterwappen, Heilige sowie florale und geometrische Ornamente.

Die Neuschöpfung der Burg als »Palast« während der italienischen Herrschaft wurde als »misslungen« bezeichnet, da man nicht den Originalzustand wiederherstellte, doch war das nicht die Absicht der Bauherren. Im Gegensatz zu »Restaurierungen« anderer Burgen und der Ordensbauten der Ritterstraße war hier keine rekonstruierende Wiederherstellung gewollt. Intention war, die Burg zu einem zeitgemäßen staatlichen Repräsentationsbau umzugestalten. Die OG-Innenräume mit ihrer bizarr anmutenden Einrichtung, einem Gemisch aus Antike (Fußbodenmosaiken von Kós), Frühchristentum (Säulen, Kapitelle frühchristlicher Kirchen), Spätmittelalter (Gestühl, Mobiliar) und zeitgenössischen Elementen wurden als »grandiose Kulissen« für den geplanten Zweck des Gebäudes bezeichnet. Die Verwendung von Spolien aus an-tiken und frühchristlichen Bauten war aber auch in byzantinischen und Johanniter-Bauten üblich (s. Konventskirche).

Den historisch »falschen« Eindruck des »Wiederaufbaues« kritisierten Zeitgenossen, darunter der 1945 als britischer Presseattaché in Rhódos tätige Schriftsteller Lawrence Durrell in seinem autobiographischen Werk *Reflections on a Marine Venus* (1953): »*Von einer edlen Neigung getrieben, bogen wir in die berühmte Straße der Ritter ein, an deren oberem Ende das Castello liegt – dieses Monument schlechten Geschmacks, das der letzte italienische Gouverneur aufführen ließ. Jetzt wurde der häßliche Mutwille der Restaurierungsarbeit in voller Deutlichkeit sichtbar [...]. Das Castello [...] war im geschmacklosesten Traditionalismus erbaut. [...] wohin man sich wandte, grüßten häßliche Standbilder, geschmacklose Wandbekleidungen und Tapisserien und die Art der Täfelungen, die einen an die Salons von Passagierdampfern erinnern.*« Durrell, der den Palast »*De Vecchis Pappfestung*« nennt,[10] zitiert den britischen Offizier A. Gideon: »*Das Ding ist schrecklich. Bestenfalls der Entwurf einer neapolitanischen Eisbombe. [...] Wenn Sie eine These gegen die Kunst der totalitären Staaten wünschen, hier ist eine.*«

Einen anderen Eindruck vermittelt der deutsche Schriftsteller Erhart Kästner, der um 1944 Rhódos und die Ägäis bereiste: »*Hier, am Rande des Morgenlandes so viel Gebautes aus abendländischem Geist! [...] Ein ungeheurer Palast auf der Höhe der Stadt. Ist er alt, ist er nachgebaut? Es ist alles mit Traumhaftem vermischt*«.[11]

Um 2010 fand eine Restaurierung der Burg statt, in der durch die italienischen Ausbauten statische Probleme und Schäden aufgetreten waren.

Die Konventskirche St. Johannes Baptist

Das obere Ende der Ritterstraße betont die die (rekonstruierte) Straße überspannende Loggia zwischen Burg und Konventskirche (48). Ihr OG soll Räume für kirchliche Würdenträger enthalten haben.

Die Konventskirche *San Giovanni Battista del collachio* (St. Johannes der Täufer, 49f) war das wichtigste Gebäude im Ordensstaat. In ihr fanden Ordensversammlungen und Meisterwahlen statt, sie diente als Grablege der Meister. Unter Meister de Villeneuve (1319–46) war der Ursprungsbau vollendet. Nachträglich wurden Seitenkapellen angebaut und A. des 16. Jh. entstand der Campanile vor

46. Rhódos, Großmeisterburg. Innenhof (© Wikimedia).

47. Filérimos (Rhódos), Klosterkirche. Fußboden aus Marmorfragmenten, antiken und frühchristlichen Spolien; vermutlich waren Fußböden der Großmeisterburg ähnlich gestaltet (© ML).

der Hauptfassade, der die Datierung *1509* sowie Wappen der Großmeister d'Amboise (1503–12) und de l'Isle Adam (1521–34) trug. Der obere Teil des Turmes wurde bei der Beschießung 1522 zerstört. Nach der Eroberung der Stadt zerschlugen türkische Soldaten Altäre und Statuen, schändeten die Einrichtung und rissen die sterblichen Überreste der Meister aus den Gräbern.

48. Rhódos, gotische Loggia zwischen Großmeisterburg und Konventskirche St. Johannes der Täufer (Rottiers 1828).

Während der türkischen Besatzung diente die Kirche als Hauptmoschee der Stadt. Ihr Turmstumpf war, obwohl mehrfach von Blitzen getroffen, im 19. Jh. ein Pulvermagazin. Nachdem im Oktober 1856 ein Erdbeben Risse verursacht hatte, traf am 6.11. ein Blitz den Campanile und brachte das dort gelagerte Schießpulver zur Explosion,[12] wodurch viele Menschen starben sowie die Kirche und die Burg zerstört wurden.

Aus mittelalterlichen Schriftquellen, Beschreibungen und Druckgraphiken des 19. Jh. sowie durch Ausgrabungen ist das Aussehen der Kirche bekannt. Sie war eine dreischiffige, ca. 50 m lange Basilika ohne Querarme mit Rechteckchor. Der Haupteingang lag im Westen und hatte, ebenso wie ein Seiteneingang, »schöngearbeitete Holzthüren« aus Zedern- oder Wacholderholz. Das Kirchenäußere war »*schmucklos, die Thüren in Spitzbogen erbaut, die seitlichen Fenster klein, ohne alle Verzierung*«.[13]

Chor und Kapellen trugen Kreuzrippengewölbe. Vier Säulenpaare trennten das Mittelschiff von den Seitenschiffen; die Säulen aus Granit bestanden aus Spolien antiker und frühchristlicher Bauten. Es gab neben antiken dorischen und korinthischen Kapitellen auch solche mit Wappen. Alle drei Schiffe trugen hölzerne Decken, das Mittelschiff eine Tonne. In den Fußboden der Kirche waren Grabplatten mehrerer Meister und Ritter eingelassen.

Das *collachium* mit der Ritterstraße

Die Stadt der Johanniter war in voneinander abgegrenzte Bereiche aufgeteilt. Den größeren Teil bildete die Bürgerstadt (*burgus, borgo, chóra*). Eine innere, in Ost-West-Richtung verlaufende Mauer trennte die Stadt in zwei ungleiche Teile. Der kleinere Nordteil, das *collachium* (*conventus, castrum, castel[lo]*), umschloss Burg, Konventskirche, Hospital, Herbergen der *Zungen* und weitere Ordensge-

49–50. Rhódos, Konventskirche St. Johannes der Täufer vor der Zerstörung 1856. Außenansicht mit Stumpf des als Pulvermagazin genutzten Campanile und Inneres (Rottiers 1828).

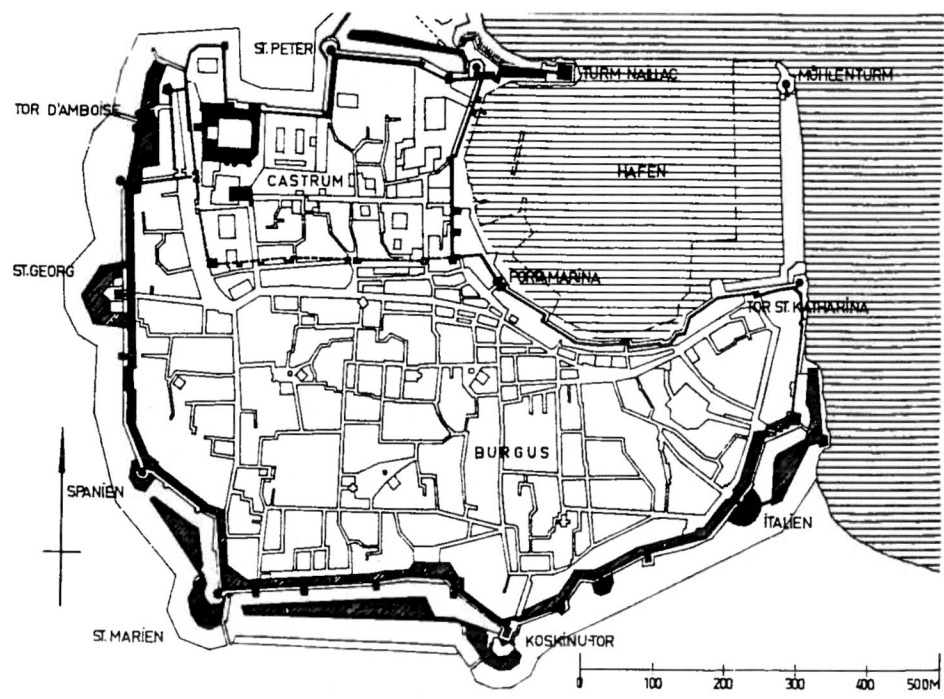

51. Rhódos. Grundriss der Stadt im letzten Ausbauzustand der Ordenszeit (Müller-Wiener 1960).

bäude. Auch außerhalb des *collachium* standen im *burgus* Adelssitze und Paläste.

Als Trennlinie zwischen *collachium* und *burgus* diente ein Teilstück der byzantinischen Stadtmauer; sie lässt sich vom Hafen aus nach Westen bis zum Uhrturm verfolgen, dessen Unterbau der Stumpf eines byzantinischen Wehrturmes bildet. Am Uhrturm biegt sie nach Norden ab. Der Orden veränderte diese Wehrmauer (mit Talus) primär zur Infanterieverteidigung mit Kreuzschlitzscharten.

Die Ritterstraße hat ihre spätgotische, während der italienischen Besatzung stark restaurierte Bebauung fast vollständig bewahrt (52). Einer hellenistischen Trasse folgend, setzt sie, von Herbergen der *Zungen* und weiteren herrschaftlichen Gebäuden gerahmt, gegenüber der Kirche Panajía toú Kástrou an und führt hinauf zur Konventskirche und zur Burg. An ihrer SO-Ecke steht das neue Hospital.

Jede *Zunge* besaß eine *auberge*, doch ist über die Funktionen der Herbergen, die eigene Rechtsräume waren, aus Schriften vor M. des 16. Jh. wenig zu erfahren. Erst die Ordensstatuten (*Statuta Domus Hospitalis Hierusalem*) von 1588 und Beschlüsse des Generalkapitels von 1631 geben darüber Auskunft: Hier kamen die Mitglieder der *Zunge* zu Beratungen, Gesprächen und Mahlzeiten zusammen. Außerdem waren die Herbergen Anlaufstellen für Ritter und Besucher aus den jeweiligen *nationes* sowie für hochrangige Gäste. Die Ordensritter wohnten nicht dort.

Es scheint, dass alle Herbergen im *collachium* – die meisten der Überlieferung zufolge in der Ritterstraße – standen. Manche besaßen Gärten, alle verfügten über ein von einem Zugtier betriebenes Schöpfwerk für Wasser.

Während der türkischen Herrschaft kam es zu Veränderungen an Häusern der Ritterstraße, als dort Beamte und Kaufleute wohnten. Druckgraphiken des 19. Jh. zeigen hölzerne Erker der Haremseinbauten. In der Herberge der Provence wurde ein Hamam eingerichtet; nur Teile der Hauptfassade mit dem Portal und einige EG-Räume blieben erhalten.

Substanzverluste erlebte die Ritterstraße durch die Explosion des Pulvermagazins im Turm der Ordenskirche 1856. Die Italiener errichteten Neubauten in Anpassung an die meist zweigeschossigen spätgotischen Häuser der Ordenszeit.

Neben französischen Elementen der Spätgotik zeigen die Bauten der Ritterstraße für die Zeit um 1500 typische aragonesische/katalanische Rundbo-

BURGEN, FESTUNGEN UND WEHRBAUTEN DER JOHANNITER

52. Rhódos, collachium. Ritterstraße in Höhe der Herberge von Frankreich (© ML).

genportale. In mehreren Häusern gibt es Fensternischen mit steinernen Sitzbänken.

Die Herberge der *Zunge* von Frankreich (1492/1509) weist symbolische Wehrbauelemente auf. Wie das neue Hospital, andere Herbergen und Paläste hat ihre Hauptfassade im EG segmentbogige Öffnungen, die Lagerräume erschlossen. Zwei gestufte, den Anstieg der Straße aufnehmende Gesimse gliedern die Fassade; das untere trennt die beiden Geschosse, das obere, mit Flechtband, verläuft in Höhe der unteren Fensterabschlüsse des OG. Über Konsolen ansteigend, rahmen Profilleisten mit Flechtbanddekor die OG-Fenster. Wasserspeier in Form von Drachen durchbrechen die Zinnenbrüstung, in die vier über Konsolen auskragende *Echaugettes* eingebunden sind.

In einer Rechteckrahmung sitzt ein stark profiliertes Spitzbogenportal als Haupteingang (vgl. Herbergen von Auvergne und Provence). Ein Gewölbegang führt zum Innenhof, von wo aus eine breite Treppe die den Hof dreiseitig umgebende Loggia im 1. OG erschließt. Der straßenseitige Saal mit Kamin im OG wird als Versammlungsraum und Speisesaal interpretiert. Die Funktion der übrigen acht über die Loggia zu erreichenden Räume konnte nicht ermittelt werden.

Die Ordenshospitäler

Zu den Hauptaufgaben der Johanniter gehörte das Hospitalwesen. In der Stadt Rhódos gibt es zwei vom Orden erbaute Hospitäler.

Das alte Hospital (**50**, *Plateía Argyrokástrou*) steht neben einem Pulvermagazin des Ordens. Es wurde wohl in der 1. H. des 14. Jh. erbaut und mehrfach verändert. Der zweistöckige Haupttrakt mit Zinnenfassade enthielt den Krankensaal. Während der Haupteingang im EG lag, erfolgte im 16. Jh. die Schaffung eines Eingangs im 1. OG. Dazu wurde eine Freitreppe angelegt und der zwischen den beiden schmalen Fenstern ausspringende Kapellenerker am Krankensaal beseitigt. Der Haupttrakt enthält je einen mit einer Holzdecke überspannten Saal im UG und OG. Wohl im 15. Jh. wurde der Südfassade ein großer, hoher, dreischiffig gewölbter Raum angefügt.

Das neue Ordenshospital (Archäologisches Museum, **54f**) steht am unteren Ende der Ritterstraße, seine Hauptfassade richtet sich zum Museumsplatz. Das Bauwerk gilt als das bedeutendste, schönste und besterhaltene Gebäude der Johanniter im Ordensstaat. Nachdem das alte Hospital zu klein war, begann 1440 der Neubau, knapp 200 m entfernt. Fast 50 Jahre dauerte es bis zur Einweihung. Gründe dafür waren Finanzprobleme, die Belagerungen 1444 und 1480 und das Erdbeben 1481. Offenbar waren Teile des Baus schon ab 1485 genutzt worden, doch erst 1489 weihte der Großmeister das neue Hospital ein.

Eine Marmortafel am Chor der Kapelle im 1. OG über dem Hauptportal zeigt das von zwei Engeln gehaltene Wappen des Meisters Antoine Fluvian (1421–37). Die Inschrift besagt, dass er »*auf dem Totenbett*« 10.000 Gulden zum Bau stiftete.

Eindrucksvoll in ihrer schlichten Monumentalität ist die Hauptfassade. Falsch ist die Deutung in der Literatur, wonach sie »*in ihrer Geschlossenheit ein festungsartiges Aussehen*« habe, das als »*Spiegel der Baugesinnung*« der Entstehungszeit anzusehen sei.[14] Vielmehr prägen im EG das Portal flankierende, große segmentbogige Nischen, die Türen zu einstigen Läden und Magazinen überfangen, das Erscheinungsbild. Diese Art der Gestaltung stammt aus dem Palastbau: In den EG vieler spätgotischer Paläste in Rhódos lagen Ladenräume.

Im Gegensatz zu den großen EG-Nischen steht die Geschlossenheit der OG-Fassade. Betont wird sie durch die über dem Portal dreiseitig ausspringende, reich gegliederte Apsis der Kapelle, die sich innen zum großen Krankensaal öffnet. In der Apsis sitzt mittig Fluvians Wappen in einer gerahmten Rechtecknische unter dem mittleren Maßwerkfenster. Rechts und links der Apsis setzen, jeweils in einer Stufe nach oben verspringend, zwei Gesimse an, die durch ihre Schattenwirkung die ansonsten weitgehend ungegliederte Fassade strukturieren.

Ganz anders als die Hauptfassade präsentiert sich die Fassade zur Ritterstraße: Die Bogenöffnungen im EG werden wegen der ansteigenden Straße zunehmend kleiner; die OG-Fenster sitzen über einem durchgehenden Gesims. Am oberen Ende der Fassade öffnete sich ein spätgotisches Portal, dessen Schweifbogenrahmung im Flamboyant-Stil sich über beide Stockwerke zieht.

Der vierflügelige Hospitalkomplex wurde in die vorhandene Bebauung eingepasst. An ihn schließt südlich ein kleinerer um einen viereckigen Hof gruppierter Baukomplex an. Um den großen Innenhof gruppierten sich Räume verschiedener Art, im EG v.a. Magazine, Vorratsräume und Stallungen. Die den Hof in beiden Geschossen umgebenden Arkadengänge mit Segment- und einzelnen Rundbögen geben der Architektur eine einheitliche monumentale Wirkung. Im EG tragen pfeilerartige

53. Rhódos, Altes Ordenshospital (© ML).

Wandstücke die schlichten Segmentbögen, im OG ruhen die profilierten Bögen auf breiten, zu den Bögen hin halbrund abschließenden Pfeilern. Während den unteren Umgang Kreuzrippengewölbe überspannen, deren Kämpfer Flechtwerk und deren Wandkonsolen zusätzlich Pflanzendekor aufweisen, trägt der obere Umgang eine hölzerne Decke.

Eine rekonstruierte breite Treppe in der SO-Ecke des Innenhofes führt ins OG mit dem großen Krankensaal (51×12,25 m). Ihn teilt der Länge nach eine spätgotische Arkade, die die beiderseits leicht abfallende Holzdecke stützt, in zwei Schiffe. Die achteckigen Kämpferkapitelle zeigen Wappen des Ordens und d'Aubussons, einige Deckenpaneele Wappen der Meister Fluvian, de Lastic und d'Aubusson. An der südlichen Schmalseite ist ein großer Kamin vorhanden, und in der östlichen Längsseite öffnet sich die Kapelle. Im Krankensaal sind Skulpturen (u.a. Grabdenkmäler von Johannitern, Inschriftsteine der Ordenszeit) ausgestellt. Auf den drei anderen OG-Seiten liegen kleinere Räume, teils mit Kaminen.

54. Rhódos, Neues Ordenshospital, Hauptportal mit Torkapelle (© ML).

Wissenschaftler verglichen das Hospital architektonisch und strukturell mit orientalischen Karawansereien sowie mit byzantinischen Klöstern und Xenodochien. Der Krankensaal hat Vorbilder in westeuropäischen Spitälern und seine Kapelle steht in der Tradition der Torkapellen mittelalterlicher Burgen in Mitteleuropa.

Die Stadt- und Hafenbefestigung

The savety of the whole island, and the Hospitallers' control of it, depended on the town's ability to withstand assault and siege (Anthony Luttrell 1991).

Nach der Eroberung von Rhódos baute der Orden die Befestigung des byzantinischen *kastron* aus. Die um 1275 von Byzanz erneuerte Stadtbefestigung hatte einen etwa längsrechteckigen Grundriss. Ab dem früheren 14. Jh. wurde der *borgo* durch eine neue Mauer mit Toren und Türmen gesichert (56). Dabei fanden anfangs oft große Steinblöcke aus Ruinen der antiken Stadt rundum Verwendung, später waren es meist kleinere Quader. 1346–53 entstand die Mole des Großen Hafens und im 15. Jh. ließ Meister Fluvian neue Befestigungen um

55. Rhódos, Neues Ordenshospital, Innenhof (© ML).

die Suburbien sö der Burg beginnen. Meister de Lastic führte die Arbeiten fort.

Im Laufe der Ordensherrschaft wurde die Befestigung so verstärkt (57a–b), dass Rhódos schließlich zu einer der stärksten Stadtfestungen Europas wurde. Sie ist kein homogener, sondern ein über Jahrhunderte gewachsener Bau und weltweit eines der wichtigsten Beispiele des Befestigungswesens im Übergang vom Mittelalter zur Frühen Neuzeit. In Rhódos sind Wurzeln der Bastionärbefestigung zu finden.

Die heute so eindrucksvolle mittelalterliche Johanniter-Stadt mit dem rund 4 km langen Bering lässt vergessen, dass die befestigte antike Stadt viel größer war. Sie reichte von der Inselnordspitze bis auf den die Stadt überhöhenden Monte Smith (St.-Stefans-Berg). Die spätmittelalterliche Stadt (48 ha) hatte 6.–7.000, die antike Stadt (700 ha) im 3./2. Jh. ca. 80.000 Einwohner.

Der *burgus*, in dem West- und Mitteleuropäer, Griechen und Juden lebten, nahm ca. 80 % der Stadtfläche ein. Wichtig für die Wirtschaft des Ordens waren hier lebende, v.a. italienische Geschäftsleute. Hauptgeschäftsstraße des spätmittelalterlichen Rhódos war die vom St.-Georgs- im Westen zum Thalassini-Tor im Osten verlaufende, über weite Strecken mit der Sokrates-Straße identische Achse. Beide Stadtteile umgab der Bering der Stadtmauer.

Im Folgenden werden die Ausbauten der Festung Rhódos unter den Johannitern im Überblick dargestellt. Da die Osmanen wenig an den Befestigungen änderten, ist die Festung im letzten Ausbauzustand der Johanniter erhalten. An ihr sind Reaktionen auf Erfahrungen mit der türkischen Artillerie nachvollziehbar, da spätmittelalterliche Anlagen selten abgebrochen, sondern neuen Anforderungen angepasst wurden. Zwar sind manche Ausbauten und Verstärkungen der Befestigung durch Schriftquellen belegt, doch teils ermöglichen nur Wappenreliefs an Türmen und Mauern Datierungen: Das dargestellte Wappen des Meisters markiert den Zeitraum der Baumaßnahme. Bei Reliefs, die zusätzlich Wappen des Geldgebers oder des Kommandanten tragen, grenzt die Überlappung der

56. *Rhódos, Stadtbefestigung. Der rechteckige Turm mit Kreuzschlitzscharten, erbaut unter Meister de Heredia (1377–96), gehört zu den ältesten erhaltenen der Johanniter (© ML).*

Amtszeit des Meisters und die der anderen memorierten Person(en) die Bauzeit ein.

Die Johanniter hatten Rhódos 1306/09 belagert, wobei es zu Zerstörungen unbekannten Ausmasses gekommen war. Da die Zahl der Belagerer klein war und der Orden die Stadt möglichst bald nutzen wollte, werden sich die Schäden in Grenzen gehalten haben. Schon bald kam es zu Bauarbeiten am *kastron*. Zwar ist nur ein Wappen des Meisters de Villeneuve (1319–46) an der Stadtbefestigung bekannt – es sitzt mit dem des Meisters degl'Orsini über dem Südtor des *collachium* – doch westeuropäische Reisende, die zur Amtszeit Villeneuves in Rhódos waren, berichteten über Bautätigkeit an der Stadtbefestigung. Es ist unbekannt, welche Aus-

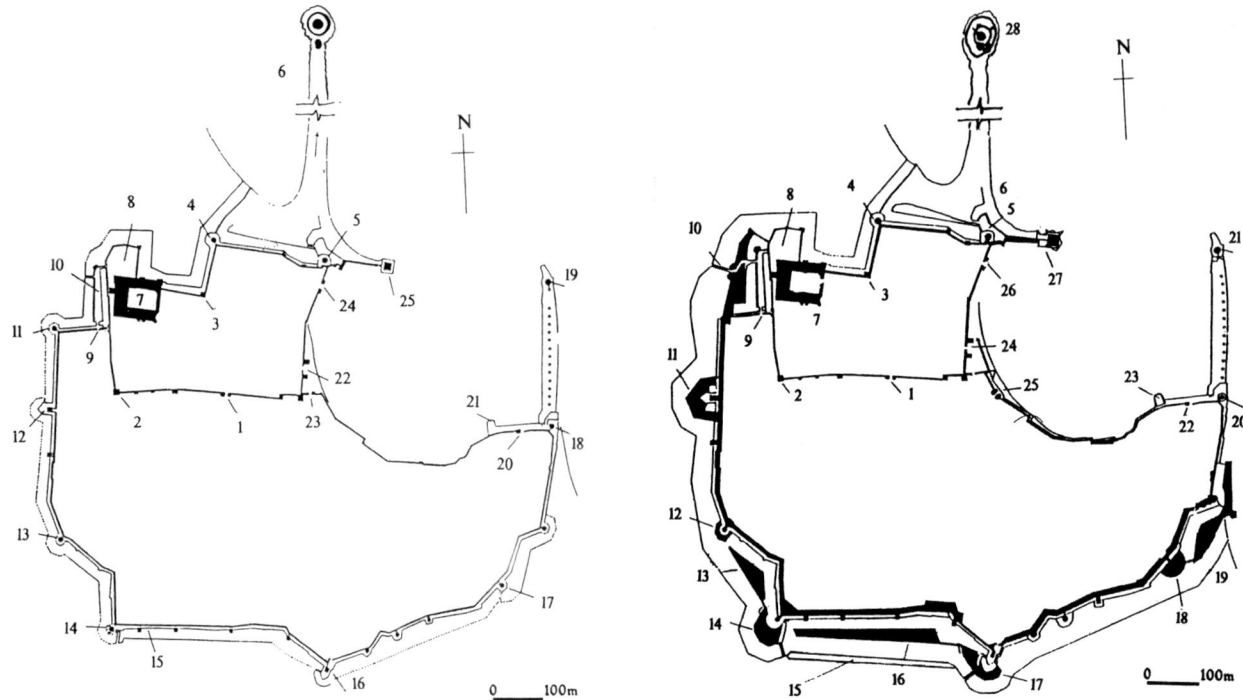

57a–b. Rhódos, Stadtbefestigung in den Ausbauzuständen 1480 und 1522 – a: 1. Collachium-Tor; 2. SW-Turm des collachiums (heutiger Uhrturm); 3. Pleigne-Turm; 4. Turm St. Peter; 5. Trebuc Tower/Turm St. Paul; 6. Turm St. Nikolaus; 7. Großmeisterburg; 8. nördliche Vorbefestigung der Burg; 9. St.-Antonius-Tor; 10. Tor (heutiges D'Amboise-Tor); 11. Turm St. Michael; 12. Turm und Stadttor St. Georg; 13. Spanischer Turm; 14. Turm der »Jungfrau Maria«; 15. Áj.-Athanásios-Tor; 16. St.-Johannes-/Koskinoú-Tor; 17. Italienischer Turm und Tor; 18. Hafenturm; 19. Turm auf der Mühlenmole; 20. St.-Katharinentor; 21. Außenwerk am Hafen; 22. D'Arnald-Tor; 23. Tor; 24. Arsenal-Tor; 25. Naillac-Turm. – b (sofern abweichend von a): 6. Bollwerk Frankreich; 10. D'Amboise-Tor; 11. Bollwerk Auvergne; 12. Spanischer Turm; 13. sog. »Tenaille«, 14. Turm und Bollwerk der »Jungfrau Maria«; 15. Gedeckter Weg des Abschnitts England; 16. sog. »Tenaille«; 17. Bollwerk Provence; 18. Bollwerk Italien; 19. sog. »Tenaille« mit »Bastion«; 20. Hafenturm; 21. Turm auf der Mühlenmole; 22. St.-Katharinentor; 23. Batterie (überbaut einen Halbmond); 24. D'Arnald-Tor; 25. Marine-/Thalassini-Tor; 26. Arsenal-Tor; 27. Naillac-Turm; 28. Fort Áj. Nikólaos (Spiteri 1994).

bauten Villeneuve veranlasste, und auch von der Bautätigkeit seiner Nachfolger bis 1377 haben wir fast gar keine Kenntnis. Mit der Amtszeit des Meisters de Heredia (1377–96) beginnt die Phase gut dokumentierter Baumaßnahmen. Sein Wappen tragen die beiden ältesten erhaltenen Türme (rechteckig mit Kreuzschlitzscharten, 53) an der Nordseite der Stadtmauer.

Bis zur Amtszeit des Meisters de Lastic (1437–54) wurden die meisten rechteckigen und gerundeten Flankierungstürme als Schalentürme frei vor der Stadtmauer erbaut. Mit diesen auf der Iberischen Halbinsel häufigen *Albarrana*-Türmen wurde verhindert, dass bei Einnahme des Turmes Feinde von diesem direkt auf die Stadtmauer gelangten und bei Einsturz des Turmes durch Beschuss oder Unterminierung angrenzende Mauern mit einstürzten. Bis zum 16. Jh. wurden die Türme mit der Mauer verbunden (58), einige zu Geschützstellungen ausgebaut. In mehreren Schritten erhielten sie Vorwerke verschiedenster Art (59f). Unter de Lastic entstand der niedrigere Zwinger vor der Hauptmauer mit kleinen, rechteckigen Schalentürmen, der ein Vorbild in Konstantinopels Stadtbefestigung hatte.

Die Angriffe während der Belagerung 1480 konnten abgewehrt werden, doch war die Notwendigkeit weiterer Verstärkungen der Stadtbefestigung offensichtlich. Diese wurden noch großenteils unter Großmeister d'Aubusson, der die Verteidigung geleitet hatte und bis 1503 im Amt blieb, ausgeführt. Landseitig wurden die Kurtinen über weite Strecken durch dahinter aufgeführte geböschte Mauern und Erdaufschüttungen zwischen beiden Mauern verstärkt, so dass sie, wohl unter del Carretto nach 1513, in einigen Bereichen bis zu 12 m Stärke erreichten (**61**). So wurde möglicher Zerstörung durch Beschuss entgegengewirkt und zudem entstanden Geschützplattformen zur Verteidigung. An manchen Stellen wurde die Mauer nachträglich angeböscht; der Talus diente ebenfalls der Verstärkung.

Der Graben vor den Mauern wurde verbreitert und erhielt eine gemauerte Kontereskarpe. In besonders gefährdeten Abschnitten im SW und Süden, wo das anschließende Hanggelände fast die Höhe der Hauptmauer erreichte, wurde der Graben verdoppelt. Felsriegel und Erdwerke in den Gräben boten zusätzliche Verteidigungsplattformen (**61f**) – ein Prinzip, dass sich bald darauf in Mitteleuropa fand.

Als besonders angriffsgefährdet galten die Tore einer Befestigung. Unter d'Aubusson kam es zur Reduzierung der Anzahl der zuvor angeblich elf Stadttore. Geschlossene Tortürme und Flankierungstürme erhielten massive Außenwerke, denen in einer weiteren Bauphase teils zusätzlich polygonale Werke für den Artilleriekampf vorgebaut wurden – wichtige Elemente auf dem Weg zur Entwicklung der Bastion. Dem geschlossenen St.-Georgs-Tor wurde eine Bastion vorgelegt, die – als Produkt mehrerer Bauphasen – eine der ersten »echten« Bastionen weltweit war (**63f**). Zwar war

58. Rhódos, Stadtbefestigung. Albarrana-Turm, durch einen späteren Zwischenbau mit dem Bering verbunden. Im Anschluss an den Turm ein Stück der hier stark zerstörten zweischaligen Zwingermauer (© ML).

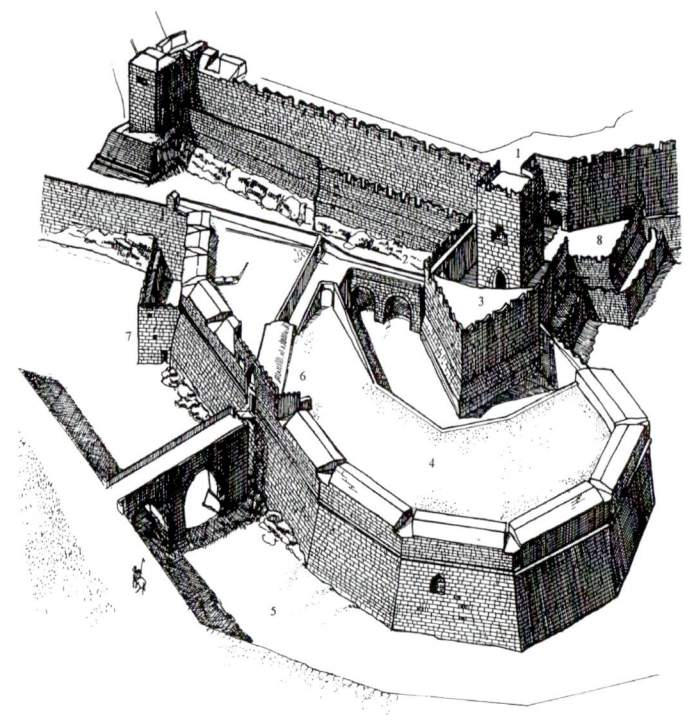

59. Rhódos, Stadtbefestigung. Koskinoú-Tor mit Außenwerken: 1. Turm St. Johannes (ehem. Torturm); 2. Hauptmauer (Enceinte); 3. Massives Vorwerk (vor 1480); 4. Polygonales Bollwerk; 5. Äußerer Graben; 6. Koskinoú-Tor; 7. Eskarpen-Batterie zur Grabenverteidigung; 8. Zwinger, in dieser Form Vorläufer eines Niederwalles (Spiteri 1994).

die Ordensburg auf Léros durch den Umbau um 1500 schon eine bastionierte Festung geworden (65), doch wurde die Systematik der entstehenden Bastionärbefestigung an der Festung Rhódos nicht aufgegriffen.

Außer der Bastion St. Georg gibt es das mächtige Carretto-Rondell, ein rechteckiges und mehrere polygonale, bastionsartige »Bollwerke« (66). Neben aller Effektivität, die neue Außen- und Vorwerke für die Verteidigung haben sollten, darf der Aspekt der Machtinszenierung und symbolischen Wehrhaftigkeit bei deren Einschätzung nicht außer Acht gelassen werden.

Im 16. Jh. war die Notwendigkeit zu besserer Verteidigung der Gräben v.a. gegen Massenangriffe erkannt worden. Eine früher, »1512« datierte Kaponniere ist erhalten; vermutlich gab es weitere Grabenwehren. Auch aus Feuerstellungen in EG anderer Werke konnten in den Graben eingedrungene Angreifer bekämpft werden.

Deutlich wird die Inhomogenität der Festung Rhódos im Ausbauzustand um 1520 im Neben-

60. Rhódos, Stadtbefestigung. Die Befestigungen im Verteidigungsabschnitt Provence beim Koskinoú-Tor mit dem flankierenden St.-Johannes-Turm (einem Albarrana-Turm) zeigen verschiedenste Wehrelemente: Links das »Bollwerk« der Provence, in der Bildmitte der Turm mit dem älteren Außenwerk in Form eines Ravelins sowie Zwinger, von denen aus teils eine Grabenverteidigung möglich war. Blick von der Kontereskarpe (© ML).

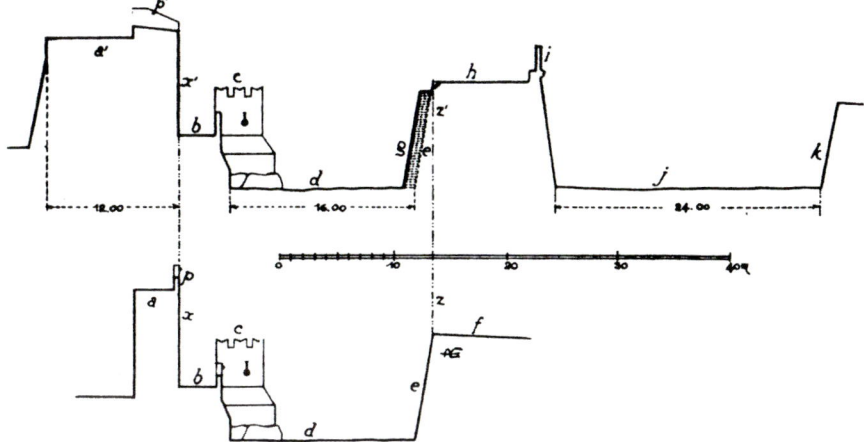

61. Rhódos, Stadtbefestigung. Schnitte der Stadtmauer nach Gabriel 1926; oben der Zustand nach den letzten Verstärkungen der Mauer und der Anlage eines zweiten Grabens.

einander spätmittelalterlicher Imponier- und »moderner« Festungsarchitektur am Handelshafen. Auf dessen NW-Mole war unter de Naillac (1396–1421) der 46 m hohe Naillac-Turm als Butterfassturm erbaut worden. Eine Mauer – später die mächtige, schildmauerartige, den Hafen gegen die See schützende Geschützplattform – verband ihn mit der Stadtbefestigung (**67**).

Im September 1520 zahlte der Orden 4.104 fl. als Entschädigung an Stadtbewohner, deren Häuser im Rahmen des Ausbaus der Befestigung abgebrochen worden waren.

1521 arbeitete Baumeister Gioeni (Zuenio) an einem Modell der Befestigungen, das dem Papst präsentiert werden sollte.

Trotz weiterer militärischer Nutzung der Festung Rhódos kam es im 19. Jh. zu Vernachlässigungen mancher Abschnitte. Häuser, Schuppen und Magazine wurden feldseitig an die Mauer angebaut. In italienischer Zeit wurden sie beseitigt. Teile der Befestigung und Details ließen die Italiener neu aufführen. Seit den 1990er Jahren wurde von den Denkmalbehörden ein umfassendes Sanierungskonzept entwickelt und großenteils vorbildlich umgesetzt.

62. Rhódos, Stadtbefestigung. Wehrplattform (fälschlich sog. »Tenaille«) im Graben; links die Hauptmauer mit vorgelegtem Zwinger, die Zwingertürme mit Talus (© ML).

BURGEN, FESTUNGEN UND WEHRBAUTEN DER JOHANNITER

63. Rhódos, Stadtbefestigung. Bastion St. Georg, zweistöckig kasemattierte Flanke (© ML).

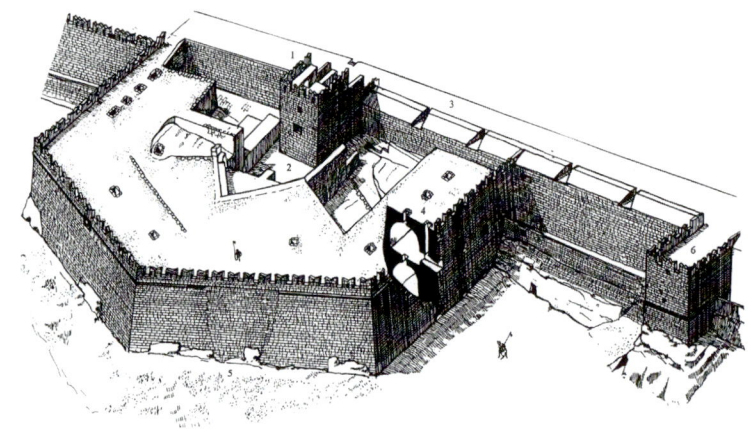

64. Rhódos, Stadtbefestigung. Bastion St. Georg, Vogelperspektive.
1. Turm St. Georg; 2. älteres Außenwerk; 3. Kurtine; 4. doppelgeschossige kasemattierte Flanke mit Rauchabzügen für den Rauch der Geschütze; 5. vermauerte Bresche; 6. Flankierungsturm (Spiteri 1994).

65. Kástro tís Panajías (Léros). Die nach 1492 ausgebaute Ordensburg ist eine der frühesten Bastionärbefestigungen im Mittelmeergebiet (Spiteri 1994).

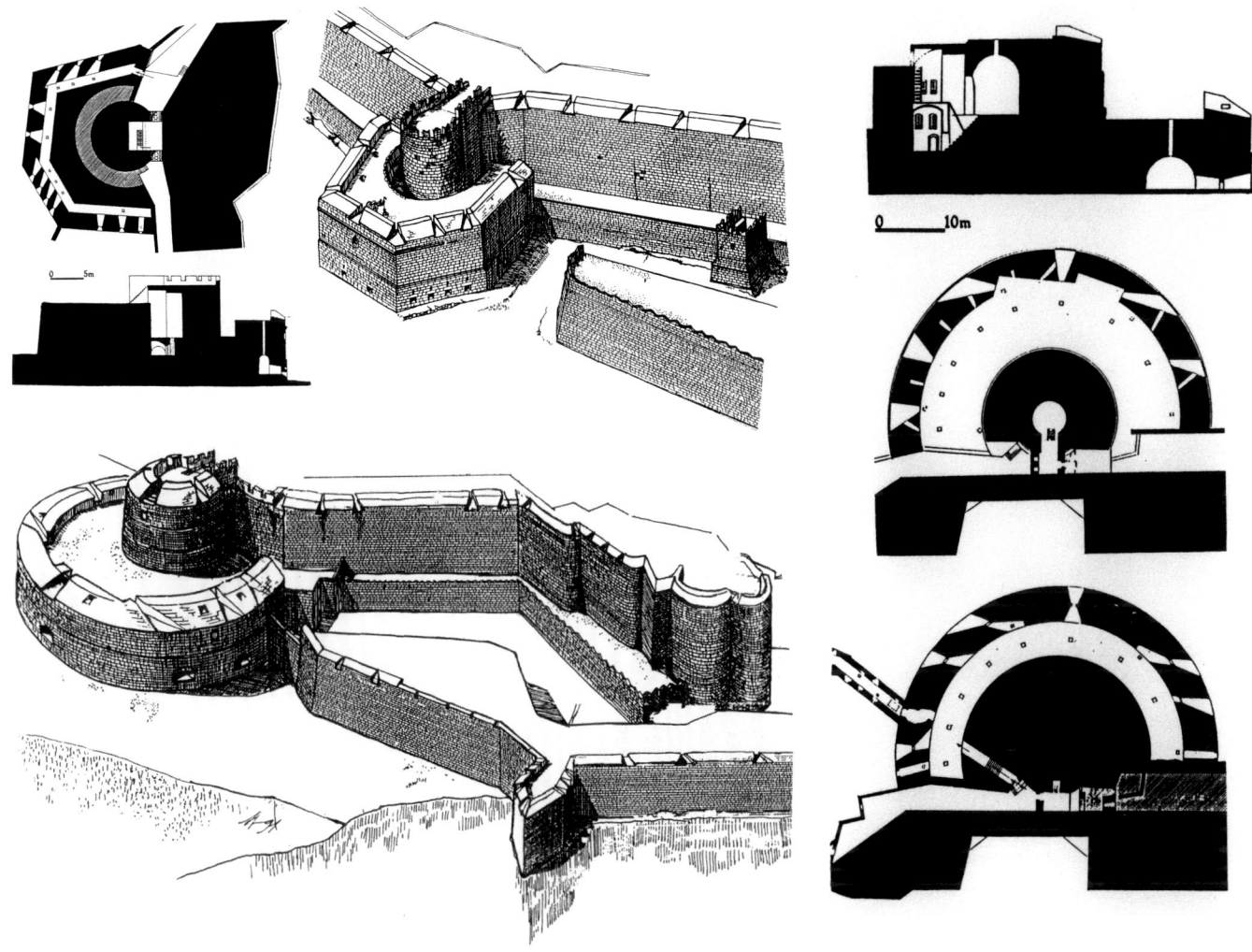

66. Rhódos (Rhódos), Stadtbefestigung, verschiedene Außenwerke; oben links Bollwerk von Spanien: Grundriss, Schnitt und Vogelperspektive; unten links und rechts Carretto-Rondell: Vogelperspektive, Schnitt, Grundrisse (Spiteri 1994).

Zur Logistik des Stadtbefestigungsbaus gibt es einzelne Informationen. Planung, Ausführung und Leitung der Bauarbeiten hatten Baumeister (*muratores*) inne, darunter auch Griechen. Auf der Marmortafel neben der Innenpforte des St. Johannes-/ Koskinoú-Tores ist der Name des Baumeisters »aller neuen Mauern«, Manolis Koundis, eingemeißelt, der dort um 1457 tätig war. In einer Urkunde von 1494 ist der Name des griechischen Baumeisters *Antonius tou Papa* (Antonius, Sohn des Popen) genannt, der die Befestigungen der Ordensfestung St. Peter vermessen hatte.

Später, als Feuerwaffen und Kanonen bei Angriff und Verteidigung zum Einsatz kamen, wurden zunehmend italienische Militär-Ingenieure hinzugezogen, die um 1500 führend im Festungsbau waren, was an der territorialen Zersplitterung Italiens und der gegenseitigen Feindschaft dortiger Herrscher und Städte lag. So kam es sehr früh zu modernen Wehrelementen an der Festung Rhódos: der Bastion und der Grabenwehr. Zu den bekannten italienischen Militär- und Festungs-Ingenieuren, die auf Rhódos tätig waren, gehörte Basilio dalla Scuola *di Vicenza*, der 1519 auf Einladung des Großmeisters del Caretto auf die Insel kam. Zusammen mit dem Ingenieur Matteo Gioeni aus Sizilien war er am Ausbau der Stadtbefestigung westlich des Johannes-Tores tätig; für die Verstär-

67. Rhódos, Stadtbefestigung. Stumpf des Naillac-Turmes (links) und anschließende, schildmauerartige Geschützplattform vor dem Hafen (© ML).

kung im Verteidigungsabschnitt Auvergne lieferte er Pläne. Bis 1521 blieb dalla Scuola auf Rhódos. Gioeni hingegen ließ sich auf der Insel nieder; er wurde 1521 »Ingenieur des Ordens«.

Während der Belagerung 1522 waren italienische Ingenieure in Rhódos, darunter Gerolamo Bartolucci und Gabriele Tadino da Martinengo, die u. a. die Folgen türkischer Unterminierungen reduzierten.

Bei Bauarbeiten an den Befestigungen wurden auch Sklaven (in Ordensquellen *argodolati* genannt) eingesetzt. Kurz vor Beginn der Belagerung 1522 mussten nach einem Großmeistererlass 75% aller Ordens- und Privatsklaven beim Bau eingesetzt werden. Reiseberichte einiger Jerusalempilger, die Rhódos besuchten, enthalten Hinweise auf den Einsatz von Kriegsgefangenen bzw. Sklaven beim Festungsbau. Der Adelige Heinrich v. Zedlitz, der 1493 die Befestigung besichtigte, sah »*viel gefangene Türcken Stein brechen und Kalgk tragen wie die Esel*«.[15] Den Grafen Johann Ludwig v. Nassau-Saarbrücken, der 1495–96 in Begleitung mehrerer Adeliger »*nach dem heiligen Lande*« reiste,[16] führten Johanniter »*auf die Mawren, und haben jren Gn. geweiset die Thürn, Posteyen und andere Bäuw der Statt, [...] und noch täglich lässet der groß Meister von Rodys bawen und starck machen, und seindt täglich viel Türcken, Moren und Sarazenen, die arbeyten, Stein und ander Ding tragen auß den Graben, die Mawren, Posteyen und Thürn zu stercken*«.

Versklavt wurden oft gefangen genommene muslimische Schiffsbesatzungen. Aus Gründen der Objektivität sei ergänzt, dass Muslime mit Christen solcherart verfuhren und muslimische Korsaren gezielt auf Sklavenfang gingen.

Vorwerke (detachierte Werke)

Die Stadtbefestigung führt so dicht am Handelshafen entlang, dass sie dessen Schutz diente. Der Mandráki-Hafen war hingegen von der Stadtmauer aus kaum wirksam zu verteidigen. Nach den Erfahrungen der Belagerung von 1444 wurden in der 2. H. des 15. Jh. beide Häfen durch neue Befestigungen gesichert (68). Von dem westlich der Einfahrt zum Mandráki gelegenen, in historischen Plänen verzeichneten *Château S. Elme* sind spätestens seit Anlage der italienischen Prachtbauten am Hafen keine sichtbaren Reste mehr vorhanden, doch blieben die zwei anderen erhalten. Die Verteidigung der Häfen war von der Hauptkampflinie der Stadtbefestigung auf Vorwerke ausgedehnt worden, die in spätmittelalterlichen Schriften *thurn* und *slos* (Burg/Schloss) genannt werden.

Turm/Burg/Fort Ájios Nikólaos
(Torre di San Nicolò)

Den Mandráki-Hafen begrenzt eine Mole, an deren Spitze das Hafenfort Áj. Nikólaos steht. Zusammen mit den drei spätmittelalterlichen Windmühlen auf der Mole ist es ein Wahrzeichen der Stadt und der Insel Rhódos. Der Mandráki, heute Jachthafen und Liegeplatz für Ausflugsschiffe, war ein Kriegshafen der antiken Stadt, von dessen Mole Teilstücke erkennbar sind.

Den Kern des Forts bildet der von einer polygonalen Ringmauer mit zwei Verteidigungsebenen dicht umschlossene, 1464–67 erbaute Rundturm (22), für dessen Bau Herzog Philipp II. »der Gute« v. Burgund 10.000 Golddukaten stiftete. Den zweigeschossigen Turm mit Wehrplattform (ø 17,30 m) erschloss ein Hocheingang im 1. OG, den man über eine Zugbrücke erreichte, die zum Wehrgang der Ringmauer führte. Den Zugang zu dieser vermittelte ein isolierter Treppenturm mit Wendeltreppe. Über dem Hocheingang trägt ein Marmorrelief die Wappen des Ordens, des Meisters Zacosta, des Herzogs von Burgund und eine Darstellung des hl. Nikolaus.

Während der Belagerung 1480 zeigte sich, wie wichtig der Turm für die Verteidigung von Hafen und Stadt war. Er wurde heftig attackiert, dadurch dass er aber während der Kämpfe verstärkt wurde, blieb er unerobert. Nach den Beschädigungen 1480 und durch das Erdbeben 1481 war eine Erneuerung des Turmes notwendig. D'Aubusson ließ die äußere, feldseitig stark geböschte Ringmauer in Form einer polygonalen, kasemattierten Geschützplattform um ihn legen. Im 2. Weltkrieg wurden Schießscharten verändert.

Turm auf der Mühlenmole
(Burg/Fort St. Angelo/St. Michael)

Die heute als Terminal für Kreuzfahrtschiffe genutzte, den Handelshafen an der Ostseite begrenzende, im Kern hellenistische Mole trägt ihren

---

ZUR LOGISTIK BEIM BEFESTIGUNGSBAU

Vereinzelt bieten Schriftquellen Hinweise auf die Logistik. So ist belegt, dass der Orden zum Bau von Befestigungen Baumaterial per Schiff auf die Insel Alimía und nach Bodrum an die kleinasiatische Küste brachte. A. 15. Jh. ließ Meister de Naillac dort die Burg eines lokalen Emirs erobern und anschließend die Ordensburg St. Peter als Brückenkopf erbauen. Der Meister soll mit einer aus allen zur Verfügung stehenden Schiffen zusammengestellten Flotte vor Bodrum erschienen sein, die neben Soldaten und Kriegsgerät Material für den Bau der neuen Burg (Quader, Holz, Fachwerk, Kalk[17]) aus Rhódos brachte.

Aufschluss über die Arbeiten an der Ordensburg am Hafen der Stadt *Narangía*/KOS gibt eine Instruktion des Großmeisters an den Statthalter von Kós vom 7.3.1500, in der es heißt: »*Item wir haben jetzt beschlossen, daß der Graben vor der Brücke und dem Thor von Narangier hinter dem Hafen bis zum Thor an der Marina gemacht werden soll. Dieser Graben soll haben 8 Ruten [Längenmaß, zu 4 braccia = Ellen]« »Breite und das Massive andere 8 Ruten [...], und das wird gemacht werden mit Hilfe der Mannschaft der Galere des Fra Bernardino ohne weitere Ausgaben.*
Item, Ihr werdet mit dem Boot und der Barke von der Barza, die sich hier befindet, Steine herbringen lassen, um ein Mauerwerk gegen die Palisaden zu machen, um die Erde zu halten, daß sie nicht in den See hineinfällt, [...] und man soll sie nehmen von den Seiten des Hipocras [Hippokrates] und die größten, die man kann.«[18] Die Maßnahmen erfolgten im Rahmen eines größeren Bauprogrammes an Gräben und Mauern der Befestigungen. Es scheint, dass um 1500 das Asklepieion, das in der Antike berühmte Heiligtum des Heilgottes Asklepieios (Aesculap), systematisch als Steinbruch für den Ausbau der Befestigungen der Hafenburg von Kós ausgebeutet wurde.

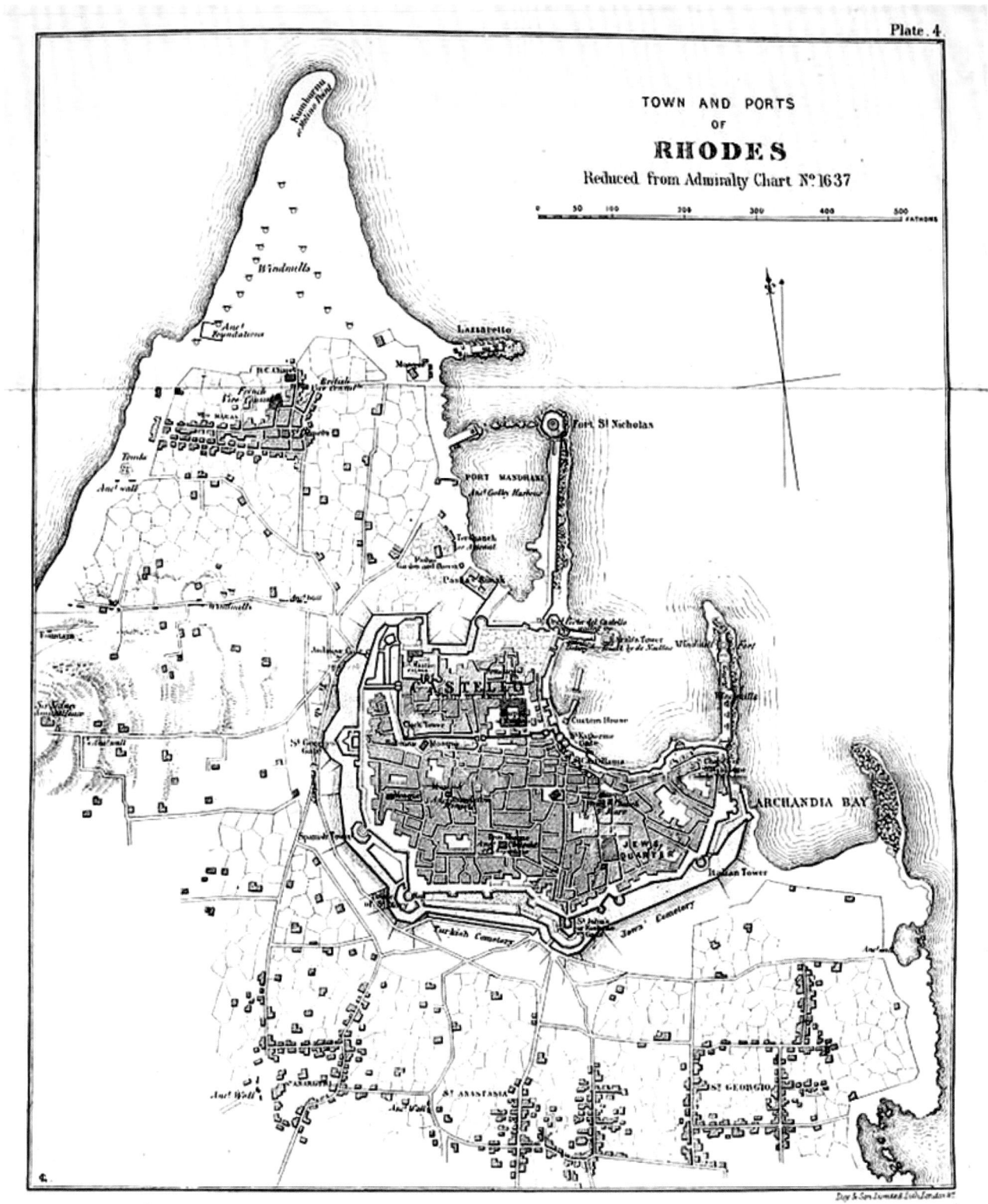

68. Rhódos. Plan der Stadt mit detachierten Werken und Vorstädten (Newton 1865).

Namen aufgrund der dort zwischen 1391 und 1522 stehenden 13–15 Windmühlen. 1440/51 erbaute der Orden an der damaligen Nordspitze der Mole einen gerundeten Schalenturm. Durch die spätere Zumauerung der Öffnung ergab sich die runde, zur Stadtseite abgeflachte Grundrissform (**69**). Das 1. OG war durch einen vom Hauptturm abgerückten Wendeltreppenturm zugänglich, beide Türme verband eine Zugbrücke. Auf der Turmplattform erhob sich ein Aufsatz kleineren Durchmessers. Die vom Naillac-Turm her aufziehbare Sperrkette der Hafenzufahrt war im Turm auf der Mühlenmole verankert, was die Öffnung an seiner Westseite belegt.

Bei der Belagerung 1480 und beim Erdbeben 1481 wurde der Turm beschädigt. König Ludwig XI. von Frankreich trug finanziell zum Neuaufbau bei. Die Wappen des französischen Königshauses und des Meisters d'Aubusson erinnern an den Umbau, bei dem der Turmaufsatz entfernt wurde.

Durch vorgelagerte Geschützstellungen entstand das Fort, das mehrfach verstärkt und erweitert wurde, zuletzt im 17. Jh. zu einer türkischen Batterie, wozu Windmühlen auf der Mole abgebrochen wurden. Im Fort wurden im 2. Weltkrieg MG-Stände und weitere Verteidigungsanlagen eingerichtet.

69. Rhódos, Fort St. Michael. In der Mauer vorne MG-Stellung des 2. Weltkrieges (© ML).

Die *castellania* als Element der Verteidigungsstruktur

Zur Gewährleistung effektiver Verwaltung sowie zum Schutz der Bevölkerung war der Ordensstaat in Distrikte eingeteilt. Eine Burg oder befestigte Siedlung unter dem Kommando eines Ordensritters war jeweils Sitz einer solchen *castellania*; sie war regionaler Verwaltungssitz und Refugium für die Einwohner umliegender Dörfer und Gehöfte. Dekrete, in denen festgelegt war, in welcher Befestigung die Bewohner bestimmter Orte Schutz finden sollten, sind für 1474 und 1479 bezeugt, als es zur Neuordnung einiger Distrikte kam. Einen Hinweis auf die Funktion der Befestigungen als »Fluchtburgen« bietet Caoursin, der in seiner Chronik über Vorbereitungen auf die erwartete Belagerung 1480 berichtet: »*das volck auff dem land macht sich mit seinem guot in die geschloesser vnd in die stat Rodis*« (287r).

Als größte und wichtigste Insel im Ordensstaat wies Rhódos bis zu zwölf Burgdistrikte auf: Neben der Stadt Rhódos waren dies Apolákia, Apóllona, Fánes, Féraklos/Charáki, Kattaviá, Koskinoú, Lachaniá, Líndos, Monólithos, Sálakos, Siána und *Villanova* (Paradísi). Fánes und *Villanova* wurden im Zuge der Neustrukturierung 1479 Rhódos eingegliedert. Die Burgen und Dörfer Koskinoú, Archángelos (**70**) und Kremastí waren zeitweise autonom und mussten ihre Verteidigung selbst organisieren; die Burg Archángelos war später Teil der *castellania* Féraklos. Die Burgen und Dörfer der dem Meister direkt unterstellten Inseln (*isole magistrali*), darun-

BURGEN, FESTUNGEN UND WEHRBAUTEN DER JOHANNITER

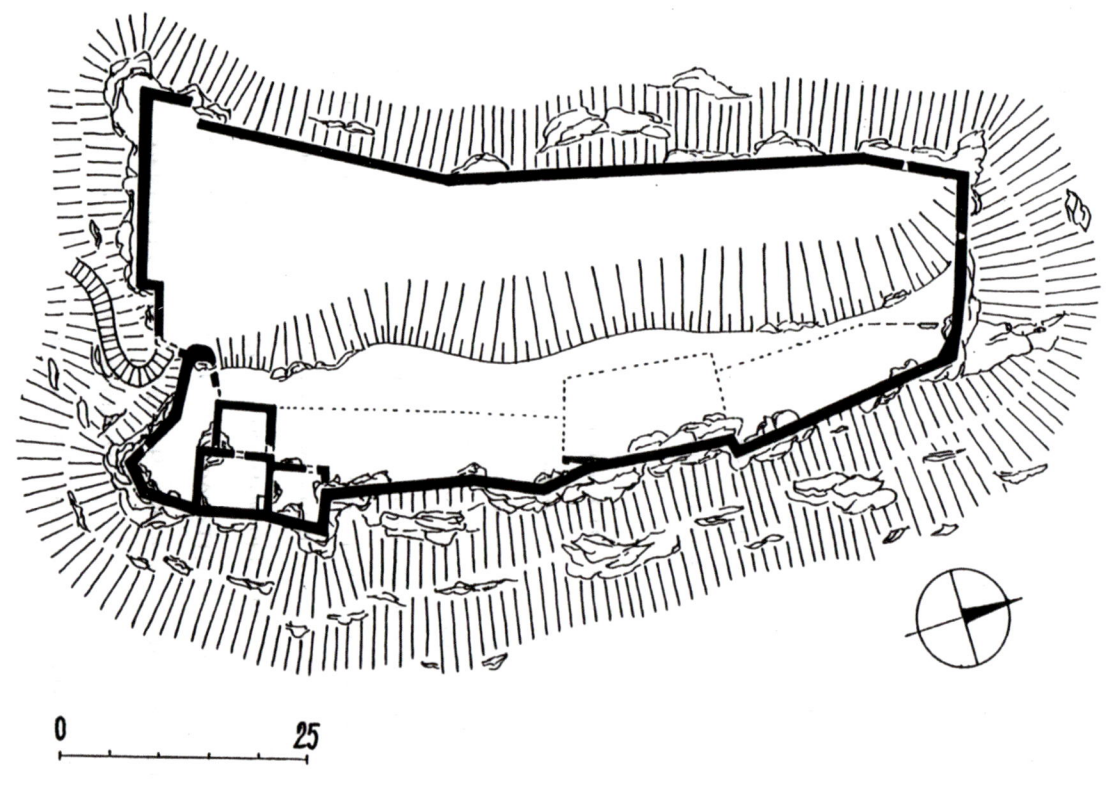

70–71. Archángelos (Rhódos), Burg. Teilansicht der Zugangsseite (© ML) und Grundriss (© Dr. Miroslav Plaček).

ter Chálki und Alimniá, gehörten wohl zur *castellania* Rhódos.

Wie Rhódos war die Insel Kós in Distrikte eingeteilt: Narangía, Palaió Pylí, Antimácheia und Kéfalos. Es ist anzunehmen, dass auf kleineren Inseln, auch wenn es dort mehrere Burgen gab, jeweils nur eine *castellania* bestand. Von der Insel Léros berichtet Buondelmonti für 1395, die gesamte Bevölkerung hätte sich über Nacht in die Burg zurückzuziehen – dies scheint bei der Größe der Insel unrealistisch.

Burgen

Wie bereits erwähnt, existierte ein ausgeprägter Typus der ägäischen Johanniter-Ordensburg nicht, doch sind viele Befestigungen des Ordens wegen der typischen Johanniter-Zinnen – doppelt oder mehrfach gekerbte Schwalbenschwanzzinnen – als solche zu erkennen.

Im Ordensstaat bestanden Wehrbauten unterschiedlicher Bauformen, Größen und Ausprägungen, die aus ihren jeweiligen Funktionen resultierten. Generell gilt, dass es die Adelsburg mitteleuropäischer Ausprägung, den wehrhaft-repräsentativen Wohnsitz einer Adelsfamilie mit Bergfried/Wohnturm und Wohnbau/Palas, bei den Johannitern nicht gab. Überhaupt ist der Begriff »Burg« für viele der untersuchten Befestigungen zu hinterfragen, in vielen Fällen sogar abzulehnen, so für die befestigten Siedlungen mit einem großen Zivilbevölkerungsanteil, die von den Griechen *Kástra* und in spätmittelalterlichen Quellen *castella* genannt wurden. Die kleineren Befestigungen waren meist »Garnisons-Burgen«. Zudem gab es Wachttürme sowie private Wohntürme/Turmhäuser.

Die mit dem Begriff Burg fassbaren Objekte waren neben der Großmeisterburg einzelne der *castellania*-Sitze (Apolákia; Monólithos; Siána; *Villanova*) sowie viele Befestigungen der Kategorie 3 – meist kleinere Burgen regionaler Bedeutung – nicht geeignet, Belagerungen standzuhalten, doch bei Überfällen oder zeitlich begrenzten Operationen der Gegner tauglich als Fluchtorte und lokale Militärstützpunkte sowie zur Überwachung von Straßen und/oder Seewegen. Sie standen auf Anhöhen (Archángelos), Bergspornen (Péra Kástro/KAL, 72) oder Plateaurändern (Lárdos, 81).

Viele Burgen entstanden durch den Ausbau älterer Befestigungen wie das Kástro stó Stávro/NIS, eine Zungenburg anstelle einer antiken Anlage mit Sichtkontakt zu mindestens drei Befestigungen auf Nísyros sowie zu Nachbarinseln (73). Ein weiteres Beispiel dieser Kategorie bietet die Burg Alimía, im 15. Jh. mit sechs Soldaten besetzt, deren Besatzung im Krieg nach Rhódos beordert wurde, um die Zahl der Verteidiger der Hauptstadt zu erhöhen (74). Sie hatte die Überwachungsfunktion am Rand eines wichtigen Seeweges und war ein augenfälliges Herrschaftssymbol.

Übernommene Befestigungen wurden neuen Anforderungen angepasst. In der Fläche reduziert wurden die antike Befestigung auf Alimía, in der 1366 ein Wachtturm entstand, der 1476 zur Burg erweitert wurde, und – bisher offenbar nicht erkannt – die fälschlich »*Kástro Kritinías*« genannte Ordensburg, die wohl eine ältere (byzantinische?) Befestigung ersetzte, von deren weitläufigem Bering Mauerreste unter dichtem Bewuchs erhalten sind (75f).

Burgentypen

In der Burgenforschung sind drei Typologisierungen üblich: topographische, funktionale und architektonische Typen. Nach topographischer Kategorie gab es im Ordensstaat Niederungs- und Höhenburgen, letztere in Gipfel-, Sporn- und Plateaurandlagen. Funktional lassen sich eine Residenzburg (Großmeisterburg Rhódos) sowie Garnisons-, Hafen- und Okkupationsburgen nachweisen.

Die architektonischen Ausprägungen der Burgen werden im Folgenden umrissen, wobei anzumerken ist, dass viele Burgen so stark zerstört sind, dass ihre geringen Reste den Bautyp nicht mehr erkennen lassen, z. B. die Burgreste bei den Dörfern Málona und Pastída.

Betrachtet man die Burgen und Befestigungen der Johanniter im ägäischen Ordensstaat hinsichtlich ihrer architektonisch-typologischen Merkmale,

72. Póthia (Kálymnos), Péra Kástro. Ansicht der Zugangsseite; in den Ackerterrassen unterhalb des Zugangsweges der Versturzfächer des verfallenen Torzwingers (© ML).

73. Kástro stó Stávro (Nísyros). Lagebild, Blick von der Ordensburg Nikiá. Das auf dem Sporn in der Bildmitte gelegene Kástro in der Region Árgos überbaut eine antike Befestigung (© ML).

74. Insel Alimía, Kástro mit Resten des Quadermauerwerks der antiken Befestigung (© ML).

75. Kastélas (Rhódos). Bezogen auf diese Burg sind viele Korrekturen nötig: Kein publizierter Grundriss zeigt die Mauern im Hang unterhalb des Wohnturmes, Teilstücke einer älteren Ringmauer der vom Orden in der Fläche reduzierten Burg mit Zwinger. Zu korrigieren ist der Name Kástro Kritinías (Burg von Kritinía); wir fanden am Friedhof des in Luftlinie knapp 3 km entfernt gelegenen Dorfes Kritinía Ruinen einer Burg, auf die dieser Name zu beziehen ist. (© ML).

so fallen einzelne **Kastellburgen** auf, teils durch älteren Bausubstanz vorgegeben. Da sich regelmäßige Burgen eher in ebenem Gelände als auf Berggipfeln und in Spornlagen realisieren ließen und die Johanniter viele Höhenburgen übernahmen, sind Kastellburgen auf den Dodekanes selten.

Neben der Großmeisterburg ist die Burg Narangía die bedeutendste Kastellburg der Johanniter auf den Dodekanes. Sie steht auf der durch einen Halsgraben zur Insel gemachten Halbinsel am Hafen der Stadt Kós (**77**). Die nicht vollständig erhaltene Kernburg des 14. Jh. ist eine rechteckige Kastellburg französischen Typs mit runden Ecktürmen. Vor der Nord- und Westseite des Berings liegen Reste eines schmalen Zwingers. Ein Vorwerk sicherte den Zugang zur Burg (ähnlich Salses/F), deren äußerer Bering in der Endphase der Ordensherrschaft entstand.

Unter den Neubauten des Ordens gab es mehrere Vierflügelanlagen. Dieser Typus war bei der Großmeisterburg durch älteren Bestand vorgegeben. Für einige der auf Rhódos bei Dörfern neuerbauten Ordensburgen lokaler Bedeutung (Magazin, Verwaltung, Fluchtort) lässt sich der Typus nachweisen, so für die Niederungsburgen Apólona (**78**) und Sálakos, die nur in geringen Resten erhalten sind. Es waren anscheinend rechteckige Anlagen ohne Flankierungstürme, die sich aus vier eingeschossigen, tonnengewölbten Flügeln zusammensetzten, deren Dächer wohl als Wehrplattformen dienten. Vielleicht ist auch die Zungenburg *Villanova*/Paradísi diesem Typus zuzurechnen. Abbildungen des 19. Jh. (Hedenborg 1854; Flandin 1862) zeigen die mindestens zweigeschossige Burg noch als umfängliche Ruine mit Resten gotischer Rippengewölbe im 1. OG und anscheinend einem an der Zu-

76. Kastélas (Rhódos), Ordensburg. Rekonstruktion (Spiteri 1994).

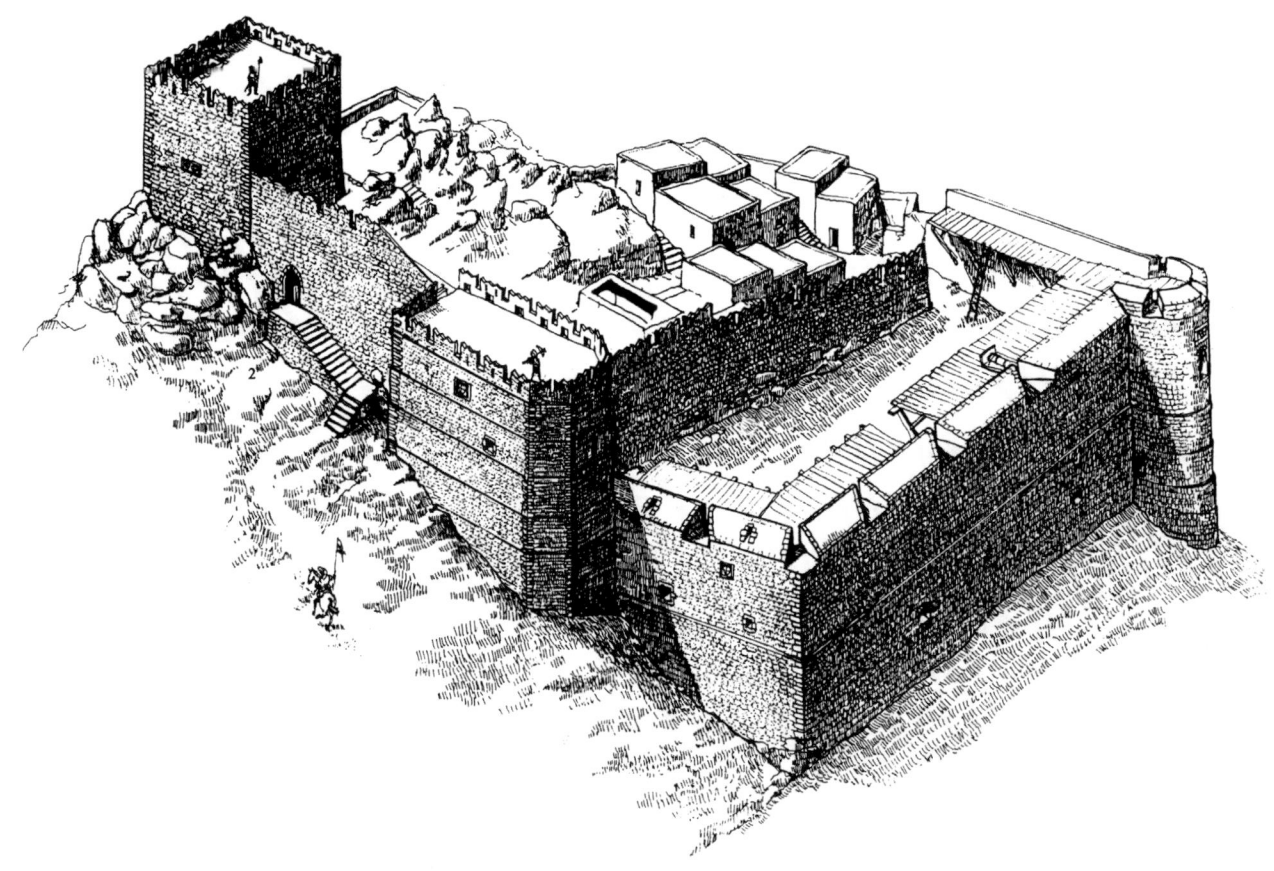

77. Kós (Kós), Burg Narangía. Ansicht der Kernburg vom äußeren Bering; im Hintergrund die türkische Küste bei Bodrum (© ML).

gangsseite halbrund ausspringenden Turm. Da die Burg Sommersitz des Meisters Hélion de Villeneuve (1319–46) war, erklärt sich der architektonisch und künstlerisch größere Aufwand.

Über Türme an bzw. in solchen Anlagen ist wenig bekannt. Hedenborgs Zeichnung der Burg Kattaviá zeigt einen runden, die der Burg Apólona einen rechteckigen, wohl zwei- bis dreigeschossigen Turm mit kleinen Zinnen neben Ruinen tonnengewölbter Bauten. Die Türme dürften Wohnsitze der Kommandanten gewesen sein.

1845 besuchte Ludwig Ross Apólona; er berichtete: »*Ueber dem Dorfe stehen ein Turm und einige Mauerreste von einem sehr zerstörten Ritterschlosse.*« 1862 schrieb Albert Berg: »*Ein schönes Castell aus der Johanniterzeit steht in der Nähe des Dorfes*«. Er beschrieb das Kástro als, »*wie die meisten zur Aufnahme der Landbewohner bestimmten Burgen, von quadratischem Grundriss; vier gewölbte Säle umschliessen einen geräumigen Hof, wo die Heerden des Dorfes Platz fanden; aussen hat der Bau etwa hundert Schritt Seite. Viele dieser Castelle haben Thürme an den vier Ecken*«.[19]

Ob solche Burgtypen auf die »Ringhallenburgen« im »Heiligen Land« rekurrieren oder ob sie gebaut wurden, weil sie praktisch waren, ist unerheblich, da es sich nicht um hochrangige Bauten mit Symbolcharakter handelte.

Die von Berg erwähnten Ecktürme solcher Burgen waren nach heutiger Kenntnis eher Ausnahmen, wie im Falle der Burg Apolakía: Die im 20. Jh. fast völlig abgetragene Burg stand auf dem Hügel hinter der heutigen Ortskirche. In einer Urkunde wird der Ort 1408 mit der Burg erwähnt. Im 15. Jh. war die kleine Burg ausgewiesener Fluchtort der Bewohner mehrerer Dörfer. Aus den Bauresten ist ablesbar, dass sie sich aus einem längsrechteckigen, großen Gebäude mit Eckturm (Turmhaus?) und konzentrisch angelegtem Bering sowie vielleicht einem Zwinger an der SW-/NW-Seite zusammen-

78. Apólona (Rhódos), Burg. Ruine einer der vier tonnengewölbten Flügel (© ML).

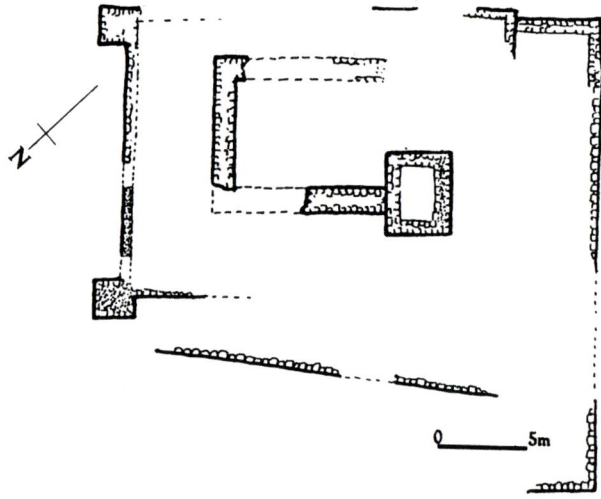

79. Apolakiá (Rhódos), Burg. Grundriss (Spiteri 1994).

setzte. Vom Bering waren in den 1980er Jahren noch Fundamente des nö Teilstückes erhalten, welches quadratische Tourellen flankierten (**79**).

Über die Baugeschichte der Burg am Ostrand des Bergdorfes Sálakos ist wenig bekannt. Ein im 19. Jh. noch vorhandener Wappenstein des Großmeisters d'Amboise belegt Baumaßnahmen zu dessen Amtszeit 1505–12. Von der Burg, die Berg 1862 als »*stattliches Ritterschloss*« wahrnahm,[20] blieb wenig. Nach Berg handelte es sich um eine vierflügelige Kastellburg: »*An den vier Ecken standen Thürme, welche von den Türken zum Theil abgetragen und zum Baue einer Moschee benutzt worden sind. Im Inneren laufen um einen viereckigen Hof luftige Gewölbe, über deren Dache sich der Zinnenkranz erhob. [...] Nach Westen sieht man über niedrige Hügelreihen hinweg das Meer mit einigen Inseln und der karischen Küste.*« Verbaut zwischen Häusern und stark von Sträuchern und Ranken überwachsen, sind heute im Wesentlichen nur noch zwei parallele Mauerzüge erkennbar, wovon einer bis ca. 2 m über heutigem Bodenniveau erhalten und ca. 1,30 m stark ist. Das qualitativ gute Bruchsteinmauerwerk war an den Außenseiten offenbar verputzt oder mit einer starken Mörtelschicht bedeckt.

Zu bedenken bleibt, dass viele Gelehrte im 19. Jh. idealtypisch dachten und daher Berichte über kleine Burgen mit Ecktürmen zu hinterfragen sind.

Nicht nur als Vierflügelanlagen entstanden vom Orden neuerbaute Burgen. Einige zeigten reduzierte Ausformungen, etwa mit nur einem oder zwei Flügeln in einem rechteckigen Bering (Kremastí). Auch größere Neugründungen wurden über Rechteckgrundrissen angelegt.

Das Kástro Koskinoú, 10 km südlich der Altstadt von Rhódos, war nach Schriftquellen (1439, 1453) Sitz einer *castellania*. Es steht an der SW-Ecke des hier besonders steilen Hügels am Rande des heutigen Dorfes und ist in jüngerer Wohnbebauung aufgegangen. Vom zweischaligen Bering aus Quadermauerwerk sind bis zu 7 m hohe Teilstücke erhalten. Details (Fenster, Tore, Scharten) sind nicht zu erkennen.

Vom Kástro Kattaviá – das Dorf liegt im Süden der Insel Rhódos in einer von Bergen und Hügelland umgebenen Ebene – sind bis 1,70 m über heutigem Bodenniveau stehende Teilstücke des rechteckigen Berings erhalten. Für 1408 ist die Existenz einer befestigten Siedlung überliefert, in die sich Bewohner der Region im Angriffsfall flüchten konnten, doch 1471 galt das Kástro als nicht mehr sicher und reparaturbedürftig. 1474 waren die Reparaturen abgeschlossen sowie ein Graben rundum ausgehoben und das Kástro sollte bei Angriffen auf die Region Bewohner der *castellania* Mesanagrós aufnehmen. Ein Hinweis darauf, dass die Befestigung immer noch nicht in gutem Verteidigungszustand war ist eine Anordnung von 1479, nach der die Bewohner von Kattaviá in die Stadt Rhódos fliehen sollten. Verstärkungen veranlasste Großmeister Pierre d'Aubusson (1476–1505) anlässlich einer Inspektion der Befestigungen auf Rhódos. Kattaviá sollte, so der Ordenshistoriker Bosio 1594, *alla moderna* neu befestigt und so stark werden wie Líndos und Féraklos. Gerola (1914) sah noch »*1481*« datierte Wappen des Großmeisters und des Ordens an der Polizeistation, die auf den Ausbau der Befestigung um diese Zeit verweisen. Anscheinend war dieser 1480, als der türkische Großangriff auf Rhódos drohte, soweit fortgeschritten, dass im Kástro Bewohner mancher Dörfer im Süden der Insel Zuflucht finden sollten.

Es wurde angenommen, die Burg Kattaviá habe schon vor der Ordenszeit bestanden, doch es handelt sich wohl um eine Verwechslung mit der byzantinischen Gipfelburg Piliókastro nahebei.

Zu den Wehrelementen der rechteckigen, bei oder in Dörfern erbauten Burgen gibt es kaum Hinweise. Die kleine rechteckige Burg Kremastí (**80**) hat in der besonders stark ausgebildeten Südwand im EG Schießscharten für kleinere Feuerwaffen. Hedenborgs Zeichnung zeigt den Bau dreigeschossig als turmartigen Baublock; über dem Portal sitzt ein Wurferker, Zinnen sind nicht zu erkennen. Bisherige Rekonstruktionen der Burg (Poutiers 1989; Spiteri 1994) sind falsch, da sie ein eingeschossiges Fort darstellen. Eine deutliche Baufuge an der Westwand weist die Burg als zweiphasig aus. Im Kern handelt es sich um eine reduzierte Variante des zuvor vorgestellten Typus mit zwei tonnenge-

80. Kremastí (Rhódos), Burg. Zeichnung von J. Hedenborg 1854 (aus: Stefanidou 2004, Pl. XL).

wölbten Flügeln. Urkunden von 1434 und 1453 legen das Bestehen einer Burg in Kremastí nahe, die vielleicht Sitz einer *castellania* war. 1479 wurde sie als Fluchtort für die Bevölkerung ausgewiesen. Aus der Literatur des 19. Jh. ist das Vorhandensein mindestens zweier Wappen del Carrettos (1513–21) bekannt.

Die in ihrem Erscheinungsbild primär von einem Wohnturm geprägten Burgen werden **Turmburgen** genannt. Sieht man von den als Landsitzen erbauten Turmhäusern ab, so findet sich der Typus im Ordensstaat fast gar nicht, obwohl der Wohnturm »*die einfachste und sparsamste Art eines sowohl bewohnbaren wie verteidigungsfähigen Bauwerks*« darstellte, »*die in weiten Teilen Europas schon im*

BURGEN, FESTUNGEN UND WEHRBAUTEN DER JOHANNITER

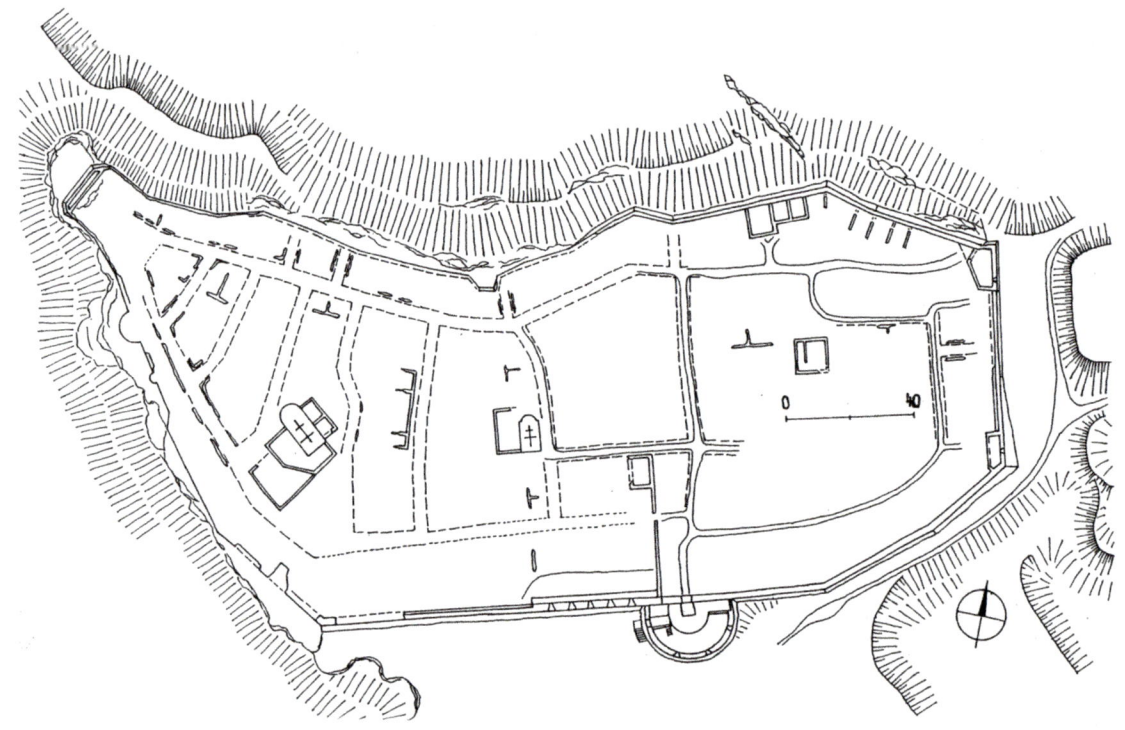

81. Lárdos (Rhódos), Burg. Blick über den Halsgraben zum Hauptturm (© ML).

82. Kástro Antimachiá (Kós). Grundriss (© Dr. Miroslav Plaçek).

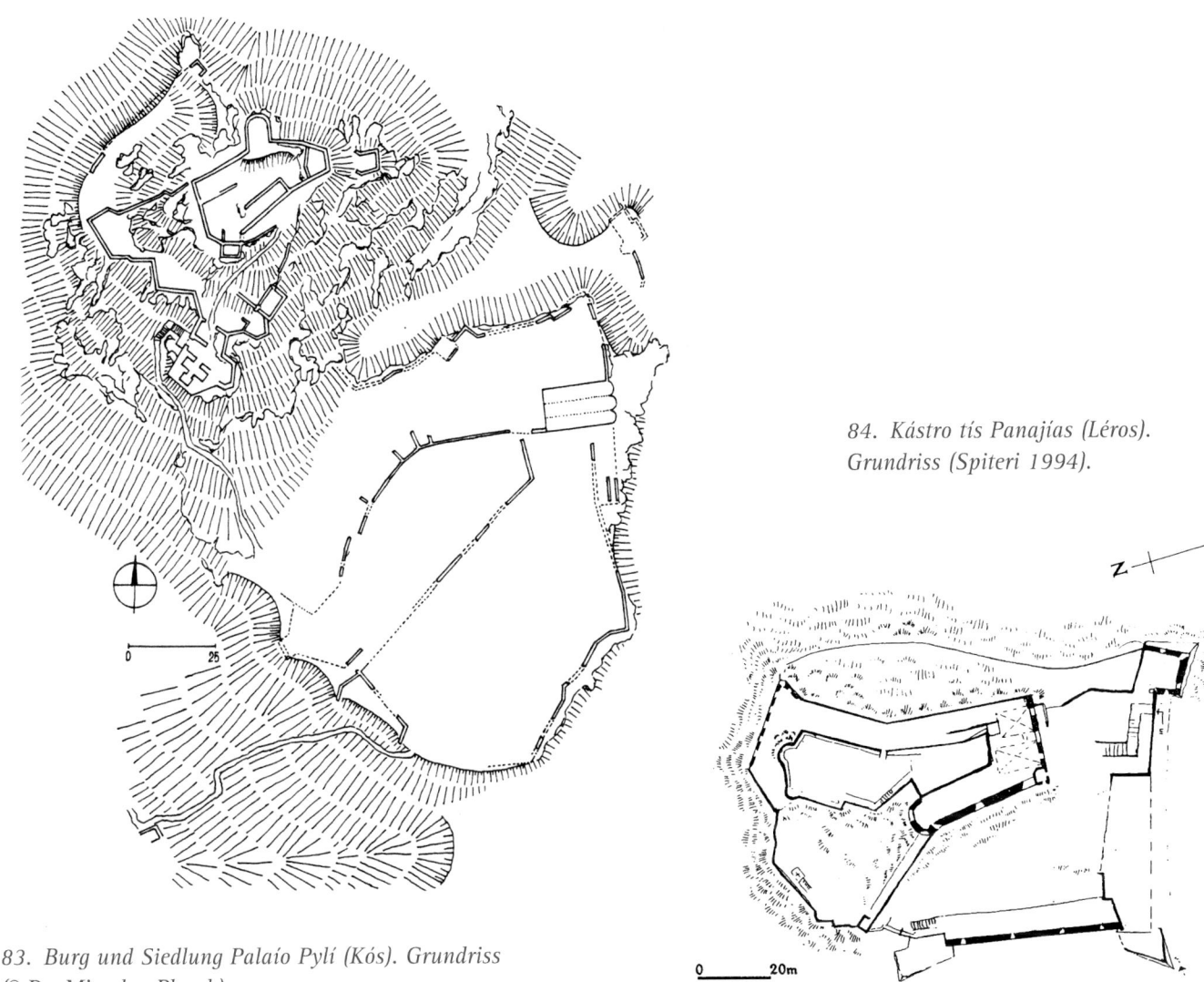

83. Burg und Siedlung Palaío Pylí (Kós). Grundriss (© Dr. Miroslav Plaçek).

84. Kástro tís Panajías (Léros). Grundriss (Spiteri 1994).

11./12. Jh. verbreitet war und ihre Bedeutung in den meisten Phasen und Regionen des mittelalterlichen Burgenbaues bewahrte«[21] und im »Heiligen Land« verbreitet war.

Die markanteste Turmburg der Johanniter aus der Zeit der rhodischen Herrschaft steht in Kolossi auf Zypern. Dem Typus zuzurechnen ist auf Rhódos das Kástro Dimiliá. Ob die Kernanlagen von Archángelos (**71**) und Lárdos (**81**) Türme oder Turmburgen waren, lässt sich nicht mehr klären.

Die Idee einer Turmburg liegt dem im Umfang reduzierten Neubau der Burg Kastélas (**75f.**) zugrunde; den höchsten Punkt innerhalb des Berings besetzt der rechteckige Wohnturm, vermutlich Sitz des Kommandanten, mit Kaminresten und einer Treppe in der Mauerstärke.

Die meisten Burgen sind architekturtypolgisch nicht mit einem Begriff zu charakterisieren. Sie haben standortbedingt unregelmäßige, oft der Felskante folgende Grundrisse.

PERSONAL UND VERTEIDIGER DER BURGEN UND BEFESTIGUNGEN

Die 1311 in den Statuten für den Ordensstaat festgeschriebene Stärke der Garnison von 500 Reitern und 1.000 Infanteristen wurde nie erreicht. Um 1340 erwog der Orden eine Sollstärke von 200 Ordensrittern (*milites*) jeweils mit einem Knappen und zwei Pferden sowie 50 *seargeants* mit jeweils einem Pferd, 50 Soldaten mit Pferd und 1.000 *servientes*. Aus den Einnahmen der Insel Kós sollte der Kommandant 1391 15 Ordensritter, zwei Kapläne, vier *seargeants*, 10 lateinische Soldaten und 100 Mann *turcopoli* oder »levantinische« Soldaten finanzieren. Damals unterhielt der Orden auf Kós mindestens vier Befestigungen.

Die Johanniter waren immer auf (überwiegend »lateinische«) Söldner angewiesen. Hinzu kamen dauerhaft auf Rhódos ansässige Kämpfer mit teils syrischen bzw. zypriotischen Wurzeln, oft Nachfahren der Maroniten, die 1291 mit dem Orden das »Heilige Land« verlassen hatten.

Der Orden versuchte im 14. Jh. mit wenig Erfolg westliche Siedler, die neben landwirtschaftlichen Tätigkeiten als Fußsoldaten oder *servientes* in Befestigungen dienen sollten, mit dem Versprechen der Landvergabe nach Rhódos zu locken. Eine Befestigung befehligte jeweils ein Johanniter als *capitaneus*, dem eine kleine Garnison von *servientes* unterstand.

Detailliert sind die Informationen über die Besatzung des Brückenkopfes St. Peter. Dessen *capitaneus* sollte »Reife des Alters« sowie militärische Erfahrung (v. a. im Umgang mit Geschützen und Wurfmaschinen) haben.[22] In Zeiten der Gefahr, wie 1488, war es den Ordensbrüdern und Söldnern untersagt, den Stützpunkt zu verlassen. Etwa 100 Söldner, die zwischen 16 und 60 Jahre alt sein durften, waren hier stationiert. Von 1459 ist eine Anweisung bekannt, nach der die Besatzung 50 Ordensbrüder auf *caravana*, 100 Söldner mit je zwei Armbrüsten und 18 weitere Kämpfer umfassen sollte, wobei die Soldaten mehr Sold erhielten, als die anderer Ordensburgen. Drohte Krieg, konnte die Besatzung verstärkt werden: 1470 bekam der Kommandant 300 Söldner, Munition, Baumaterial und Getreidevorräte gestellt.

Die Verteidigungsverpflichtung wurde im Rahmen von Lehensvergaben in Einzelfällen auf Lehnsleute übertragen, so auf die Familie Assanti von Ischia, die im 14. Jh. die Insel Nísyros mit ihren Burgen innehatte. Zum Schutz der Insel hatte sie eine Galeere zu stellen. Als 1366 Borrello Assanti, *borghese* von Rhódos, die Inseln Chálki und Tilos vom Orden zu Lehen nahm, verpflichtete er sich, auf der Insel Alimiá einen starken Wachtturm zu errichten. Er und der Orden hatten jeweils drei Turmwächter zu stellen.

Die lateinische und griechische Bevölkerung von Rhódos – generell männliche Bewohner der Hauptstadt – wurde zur Verteidigung auf verschiedenen Ebenen herangezogen, meist wohl zu Hand- und Spanndiensten beim Befestigungsbau. Die Befestigung von *villa* und *suburbium* Kós fand 1381 mithilfe der Bevölkerung statt.

Auch die ländliche Bevölkerung (Dorfbewohner: *villani*) war in die Verteidigung der Insel Rhódos eingebunden, nicht nur über die Verpflichtung zur Hilfe bei Bauarbeiten an Burgen, Befestigungen, Straßen und Brücken, sondern auch im Rahmen einer *custodia*. Diese Wacht dürfte sich auf die Besetzung von Vígles und Wachttürmen beziehen. So sollen 1450 vier Männer von Chalki mit Familienangehörigen, insgesamt 20 Personen, die Erlaubnis erhalten haben, sich gegenüber ihrer Heimatinsel an der Küste von Rhódos in der verlassenen Siedlung Vassiliká (*castellania* Siána) anzusiedeln. Zu ihren Pflichten gehörte, im Wachtturm eine Wache zu unterhalten. Sie konnten zu Bauarbeiten an der Burg Siána herangezogen werden.[23]

85. *Kástro Mesariás (Tílos). Talseitiges Teilstück des Berings mit zweiphasiger Flankierung und Konsolen einer Streichwehr (© ML).*

Sonstige Wehrbauten

In einer Quelle von 1475 sind im Kontext der *castellania*-Regelung namentlich elf *castella* und 36 *casali* (Dörfer) auf Rhódos aufgeführt.[24] In jeder *casale* gab es einen *turcopolus*, der »Polizeiaufgaben« wahrnahm. Zu den *castella* wurden Befestigungen gezählt, die von der Burgenforschung nicht als Burgen bezeichnet würden.

Schutz- und Wehrdörfer

Zu Beginn der Dunklen Jahrhunderte wurden im 7./8. Jh. Küstenstädte und -siedlungen zugunsten in »unzugänglichen« Gebirgsregionen neu angelegter, meist befestigter Orte aufgegeben, die teils bis ins 10. Jh. und darüber hinaus bestanden. Auch im Hoch- und Spätmittelalter existierten auf den Ägäis-Inseln Siedlungen in Höhenlagen als permanent bewohnte Wehr-/Schutzdörfer[25] (*Kástra*) mit eingeschränktem Verteidigungswert. Auf den Dodekanes gab es sie u. a. auf Astypálaia (Kástro), Nísyros (Emporeiós) und Tílos (Mesariá). Die Rückwände der Seite an Seite stehenden kleinflächigen Häuser bildeten mancherorts den Bering der dicht bebauten Orte; ihre Flachdächer dienten als »Wehrplattformen«.

Als planmäßig angelegte Siedlungen wie auf manchen Kykladen-Inseln sind Wehrdörfer auf den Dodekanes bisher nicht belegt. Sie wurden in ältere Befestigungen eingefügt, wie das Kástro Emporeiós/NIS: Zwei Tore erschlossen hier das Innere; sie waren Endpunkte des zentralen Weges, den Wohnhäuser säumten, deren Rückwände wiederum die Ringmauer bildeten. Der Bering geht im Kern auf eine antike (mykenische?) Befestigung zurück.

Die Ringmauer der Schutzsiedlung Mesariá/TIL wurde unter den Johannitern um Streichwehren (85), Flankierungen und einen Torzwinger verstärkt.

Wachttürme und Wohntürme

Die Zusammenfassung der unterschiedlichen Bauaufgaben Wachtturm (»Militär«-Bau) und Wohnturm/Turmhaus (Landsitz) in einem Kapitel resultiert aus der Erkenntnis, dass einzelne private Wohntürme vom Orden in sein Wachtsystem einbezogen gewesen sein könnten, so wie es ist nach Verlegung des Ordensstaates nach Malta ab 1530

86. Glyfáda (Rhódos), Wachtturm. Ansicht der Ruine, links im Hintergrund der Wachtturm von Kritikoú (© ML).

87. Insel Rhódos. Der Wachtturm Jermatá (© ML).

der Fall war, denn 1311 hatte ein Generalkapitel beschlossen, dass Johanniter auf Rhódos Häuser bauen durften, über die sie auf Lebenszeit verfügten, die aber nach ihrem Tod an den Orden fielen. Zudem gibt es typologische Parallelen zwischen Wacht- und Wohntürmen. In der Fachliteratur wurden sie nur am Rande thematisiert. Erste Gesamtdarstellungen für Rhódos liefern Lock 2006 und Losse 2009. Insgesamt bietet die ältere Literatur zu Türmen der Ordenszeit viele Fehleinschätzungen, Verwechslungen von Namen und Lokalisierungen. Offensichtlich haben alle, die zum Thema publizierten die Inseln nicht zu Fuß erkundet, denn nur, wer historische Saumpfade (monopátia) nutzt, kann Sichtachsen, potentielle Turmstandorte und Vígles erkennen.

Der Wachtturm auf Alimiá

Alimiá ist Rhódos ca. 6 km westlich vorgelagert; 7 km westlich liegt Chálki. 1366 erhielt Borrello Assanti von Ischia, *borghese* von Rhódos, die Inseln Chálki und Tílos *in feudo*; eine Bedingung für das Lehen war der Bau des Turmes auf Alimiá. Assanti und der Orden hatten je drei Wächter zu stellen.[26]

Der vom Ordensrat 1475 beschlossene »Turmbau« war die Erweiterung des Turmes zu einer Burg, an der 1476 gebaut wurde.[27] Baufugen belegen diese Baumaßnahme. Die Burg integriert Teile eines antiken Wehrbaus – ein Fort (*Ochyró*) oder einen »privaten« *Pýrgos*. Ein kleiner, über eine Leiter erreichbarer Bering war dem Wohnbau vorgelegt.

Der Turm/die Burg war ein Beobachtungsposten im Kommunikationssystem des Ordens und ein Herrschaftszeichen am Rande eines vielbefahrenen Seeweges. 1479 wurde sie, als ein türkischer Angriff auf Rhódos drohte, (vorübergehend?) aufgegeben.

(Küsten-)Wachttürme auf Rhódos

Bei 78 km Länge und über 30 km Breite hat Rhódos 1.398 km^2 Fläche und 220 km Küstenumfang. Zwischen Gebirgen und Küsten liegen landwirtschaftlich genutzte Ebenen, die schlecht zu sichern waren. Überfälle auf küstennahe Orte und die Verschleppung von Menschen in die Sklaverei waren Gründe für den Bau von Wachttürmen, der auf Rhódos im 15. Jh. begann, als die Inseln Ziele türkischer und mamlukischer Angriffe wurden. 1457 plünderten Türken Archángelos und verschleppten die meisten Einwohner. Nach einem Angriff (*incursum*) nahe Siána 1474 wurde eine 50-köpfige Reitertruppe gebildet, um die Küsten zu überwachen, doch es fehlte ein Alarmsystem, um Beobachtungen weiterzuleiten. Die Notwendigkeit eines effektiven Warnsystems mit (Küsten-)Wachttürmen, die durch Rauch-/Feuersignale die Hauptstadt alarmieren konnten, war gegeben.

1474 beschloss der Ordensrat den Bau von Türmen an den Küsten von Rhódos (88), doch er ordnete erst zwei Jahre später den Bau zweier »Torri di

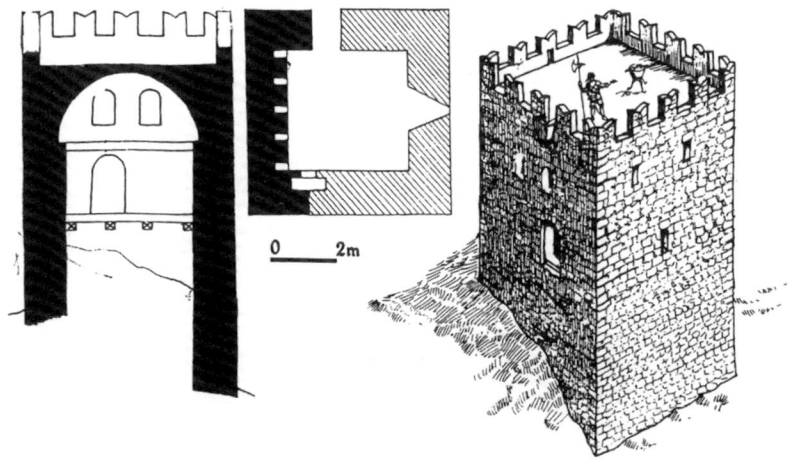

88. Glyfáda (Rhódos), Wachtturm. Rekonstruktion, Grundriss und Schnitt (Spiteri 1994).

BURGEN UND WEHRBAUTEN DER JOHANNITER AUF DEN DODEKANES

Guardia, ne'Lidi [Líndos?], *e nelle Marine dell'Isola di Rodi«* an; Spiteri erwähnt zudem unter Bezug auf den Chronisten Bosio (1629) einen Turm gegenüber der Insel Alimiá, nahe Kámeiros Skála, und »*un'altra grossa Torre co'suoi Barbacani, verso Santa Marta.«*[28]

Mit dem Tod des Meisters degli'Orsini († 1476) wurde deutlich, dass Geld zur Vollendung der begonnenen Türme fehlte. Sein Nachfolger d'Aubusson führte eine Steuer ein, um den Befestigungs- und Wachtturmbau fortführen zu können. 1477 wurden die Turmbauten fortgesetzt.

Den Zeitrahmen des Wachtturmbaus auf Rhódos gab Lock mit 1470–1503 an. Er vermutet, die Ordensburgen Apolakiá, Archángelos, Kattaviá, Jennádi, Kástelas und Lárdos seien aus Wachttürmen hervorgegangen, doch ist das bei einigen zweifelhaft.

Im Gegensatz zu den typisierten Küstenwachttürmen des Ordens in Malta sind die Türme auf Rhódos in Größe und Ausformung verschieden.

Stattlich sind einige rechteckige/quadratische Türme, wie wohl der unter d'Aubusson in der Glyfáda-Bucht erbaute, seeseitig ca. 11 m hohe Turm (6,7 × 6,7 m) aus Bruchstein-Großkiesel-Mauerwerk mit 1,5 m Mauerstärke. Der Zugang lag im 1. OG, die Turmplattform umgab wohl ein Zinnenkranz (88). Kragsteine stammen von Wurferkern. Innen gab es drei Räume, die unteren mit Balkendecken, der obere mit Tonnengewölbe. Dem Hocheingang im 1. OG schräg gegenüber öffnet sich ein in die Mauer eingelassener Kamin. Das 2. OG hatte Fenster in zwei Wänden.

Der besterhaltene Wachtturm, *Pýrgos* (89), steht 250 m sw der ruinösen, im Kern byzantinischen Siedlung Vasiliká an einer Bucht. Einwohner von Monólithos nannten mir die Namen *Pýrgos* (Turm, Burg) und *Paláti* (Schloss, Palast) für die Region und die Siedlung. Lock datiert den Turm auf 1476 und benennt ihn als den ersten einer Reihe von Türmen in der Region, die der Überwachung der Westseite der Insel von *Paláti* an nordwärts dienten und Sichtkontakte zu Befestigungen auf Chálki und Alimiá boten. Sichtverbindung besteht auch nach Tílos. Im Gegensatz zur Datierung Locks bringt Ste-

89. *Pýrgos (Rhódos), Wachtturm (© ML)*.

fanídou *Pýrgos* in Verbindung mit einem aus 1450 überlieferten Vorgang: Demnach erhielten damals vier Männer von Chálki mit Familienangehörigen die Erlaubnis, sich hier anzusiedeln und einen zu errichtenden Turm zu besetzen.

Die Außenschale des 20 m hohen, dreigeschossigen, quadratischen Turmes (9 × 9 m) besteht aus Kalkbruchstein mit Auszwickungen und Ausgleichsschichten, die Turmecken zeigen Quaderungen. Erhalten sind breite Fugenstriche oder Putzreste, letztere in Rot/Ocker. Das UG ist fensterlos. Als Aufenthaltsraum diente das leicht zurückspringende, seeseitig durch den rundbogigen Hocheingang erschlossene 1. OG mit 1,5 m Mauerstärke. Über dem Eingang sitzt ein Marmorrelief mit Wappen d'Aubussons und des Ordens. Das 2. OG hat ein Fenster in der Nordseite.

90. Kritikoú (Rhódos), Wachtturm (© ML).

91. Kap Foúrni (Rhódos), Wachtturmruine (© ML).

Rechteckige Öffnungen mit eingestellten Leitern verbanden die Geschosse. Der Turm trägt einen Zinnenkranz, dessen Südseite wegen des überhöhenden Hanggeländes 2,50 m höher als die Seeseite ist. Dies dürfte eine spätere Veränderung sein; eine Baufuge ist an der Ostseite neben der linken Zinne sichtbar. Zudem zeigen die Schießscharten in den Zinnen verschiedene Formate. Neben Schlitzscharten gibt es etwa quadratische Feuerwaffenscharten. An den Zinnen sind Krampen für hölzerne Klappläden erhalten.

Beim Kloster Áj. Jeórjios, 2 km nnö Lachaniá, steht, ca. 1,5 km von der Küste entfernt, ein rechteckiger, fast völlig zerstörter Turm, den Berg (1862) noch als »schöne Warte aus der Johanniterzeit« sah.[29] Es bleibt ungewiss, ob der nach Spiteri (1994) 1477 erbaute zweistöckige Turm (13 × 8 m) ein Wacht- oder Wohnturm war.

Ein kleiner rechteckiger Wachtturm steht am Kap Kásaro wsw der Burg Monólithos als Ruine inmitten von Versturzhalden auf einer heute unzugänglichen Klippe. Sein Mauerwerk weist ihn als Johanniter-Bau aus. Möglicherweise überwachte er einen kleinen, zur Burg gehörigen Bootshafen.

Auch Rundtürme verschiedener Größen sind auf Rhódos erhalten, unter denen der Turm in Kritikoú (90), nördlich Glyfáda auf einer stark erodierten Kuppe, der größte ist. Ein Relief mit Wappen des Ordens und d'Aubussons belegt die Bauzeit des Turmes, dessen Mauerwerk in der Außenschale sorgfältig be- und verabeitetes Steinmaterial zeigt. Markant ist die dreifache Stufung des Turmsockels mit Rücksprüngen von ca. 10 cm in 0,8 m, 1,05 m und 1,35 m Höhe über Bodenniveau. Der Außendurchmesser beträgt an der Basis ca. 5,8 m; der Innenraum des UG weist 3,9 m Ø bei 0,5 m Wandstärke auf. Ein an der Seeseite gut 2,4 m über Bodenniveau gelegener, 2 m hoher, 0,9 m breiter Hocheingang erschließt den Turm. Dieser weist zwei gewölbte Etagen und eine Wehrplattform mit Zin-

92. Lindos (Rhódos). Das antike Grab des Kleoboulos wurde wohl vom Orden zum Wachtturm ausgebaut. Mehrere Berge an der Küste im Hintergrund waren mit Befestigungen oder Wachtposten besetzt (© ML).

BURGEN, FESTUNGEN UND WEHRBAUTEN DER JOHANNITER

93. Ámartou (Rhódos), Turmhaus (© ML).

nenbrüstung auf. Das gewölbte EG diente wohl als Wohnraum; das 1. OG hat ein ähnliches Gewölbe.

Einzelne »Türme« bestanden nur aus einem massiven, ca. 5 m hohen Schaft mit Plattform, die von außen über eine Leiter zugänglich war. Für Wächter könnten Gebäude nahebei gestanden haben. Ein Turm dieses Typs steht auf der Halbinsel Jermatá (ø 3,8 m, noch 5 m hoch). Als Baumaterial dienten teils ortsfremde, in sauberen Lagen mit Ziegelauszwickung vermauerte Steine. Unter Bewuchs sind an verschiedenen Stellen Fundamente von Mörtelmauerwerk in Zweischalentechnik erkennbar. Ebenso wie auf Kap Foúrni mag es auf Jermatá eine die Halbinsel abriegelnde Sperrmauer gegeben haben.

Auf Kap Foúrni, einer schmalen Felszunge (91) am NW-Ende der Apolakkiá-Bucht, steht der Stumpf eines ähnlichen Turmes, der als antiker Leuchtturm und Basis einer spätantiken Statue gedeutet wurde, da im Kap spätantike Gräber und eine frühchristliche Felskapelle liegen. Dem im unteren Teil massiven Turm (Basis 6,3 m ø) wurde der geböschte Mauerfuß nachträglich angefügt, was die Baunaht und die verschiedenen Mörtelsorten belegen.

Der Wachtturm auf dem Kap Áj. Aimilianós nördlich der Hafenbucht von Líndos entstand durch Aufstockung des antiken Rundgrabes des Kleobulos (92). Ältere Fotos zeigen das Grab mit sekundär aufgesetztem Bruchsteinmauerwerk. Später wurde das Innere des Grabbaues zur Kapelle Áj. Aimilianós umgestaltet.

Von weiteren Türmen (u. a. Kap Áj. Minás: *Zaccópyrgos*; Prasonísi) blieben nur geringe Reste, andere sind völlig zerstört.

Wohntürme und Turmhäuser auf Rhódos

Die Gesamtzahl der Wohntürme auf Rhódos ist nicht zu ermitteln; viele wurden abgebrochen, andere bis zur Unkenntlichkeit verändert.

In einer fruchtbaren Hochebene liegt das 1452 gegründete, als Bauernhof genutzte Kloster Moní (Panajía) Ámartou. Westlich daneben steht auf einer Geländezunge die Ruine eines Turmhauses (93). Das neben der Kirche aufgestellte marmorne Johanniter-Wappen legt den Bau durch den Orden nahe, doch sprechen Lage und Größe gegen einen Wachtturm. Vielleicht handelte es sich um einen Land-/Jagdsitz, der in das Sichtsystem integriert war. Die ca. 1,5 m starken, ehemals innen und außen verputzten Turmmauern (10,82 × 9,98 m) bestehen aus grob bearbeiteten Steinen. Zinnen sind nicht (mehr) zu erkennen. Das UG überspannte ein Tonnengewölbe und das mit einem hölzernen Fußboden ausgestattete 2. OG erschloss wohl ein Hocheingang an der Südseite.

Sehr viele Turmhäuser standen bei Triánda, 8 km von Rhódos, in einer Ebene am Fuß des Filerimos. Dort, etwas abseits der Küste, lagen im Spätmittelalter Gärten, dort besaßen Ordensritter, Adelige und Bürger Landhäuser. Noch im 19. Jh. war Triánda eine Streusiedlung. 1845 berichtete Ross: »*fünf Viertelstunden von der Stadt beginnt das schöne Dorf Trianta [...], lauter Gärten und Landhäuser, die sich [...] wohl eine Stunde weit zu beiden Seiten der*

Straße hinziehen. Die Häuser sind zu einem großen Theile noch aus der Ritterzeit, aus behauenen Quadern erbaut und mit Erkerthürmchen zur Vertheidigung an den Ecken versehen.«[30] Berg (1862) notiert, Triánda »war zu allen Zeiten wegen seiner heilsamen Luft und lachenden Gärten eine Lieblingsvilleggiatur der Rhodier.« Viele Häuser »stammen noch aus den Zeiten der Johanniter her und haben bei aller Einfachheit schöne Verhältnisse; Gesimse und Einfassungen sind fein gezeichnet und sorgfältig gearbeitet. Die Häuser haben zwei Stockwerke und ein flaches Dach. Fenster und Thüren sind klein; an der einen schmalen Seite des länglichen Rechtecks springt gewöhnlich im zweiten Stock ein niedliches rundes Thürmchen auf schön profilirter Console vor.«[31]

Heute ist nur noch ein spätgotisches Turmhaus äußerlich weitgehend unverändert. Das zweigeschossige Haus mit kleinen Rechteckfenstern, Gesimsen, Flachdach und kleiner Pfefferbüchse – einem symbolischen, real nicht nutzbaren Wehrelement – steht an der Durchgangsstraße (94). Weitere spätgotische Häuser nahebei sind kaum noch als solche zu erkennen.

An der Straße Sálakos–Kalavárda steht nahe der Kirche Aj. Ánna eine von einem Hügel überhöhte Turmhausruine neben einer Wassermühle. Das mutmaßliche Landhaus könnte im 15./frühen 16. Jh. entstanden sein, dafür sprechen Tür- und Fensterrahmungen.

Einige 100 m sw von Dimiliá ragt auf einem Hügel die Ruine eines Turmes auf, die Einheimische *Kástro* und *Anáktora* (Schloss, Palast) nennen. Unter dichtem Bewuchs steht der rechteckige Bau (11 × 10 m) mit ca. 1,30–1,50 m starken Mauern, die über einem Sockel leicht zurückspringen. Mauerreste, an die außen später Ställe/Schuppen angefügt wurden, könnten von einem Bering stammen. Das teils überputzte Mauerwerk besteht aus Bruchstein und Kieseln, der Mörtel weist teils Ziegelzuschläge auf. An den Turmaußenwänden gibt es Putzreste. Innen sind Balkenlöcher sichtbar und wohl Reste eines Gewölbes.

94. Triánda (Rhódos), spätgotisches Turmhaus (© ML).

Wacht- und Wohntürme auf weiteren Inseln
Auch auf kleineren Inseln (u. a. Sými) gab es einzelne mittelalterliche Türme. Viele stehen abseits heutiger Straßen und wurden »übersehen«, andere sind so stark zerstört, dass sich Funktion und Entstehungszeit nicht bestimmen lassen. Zu überprüfen blieben mögliche Einbauten spätmittelalterlicher Wachttürme in Ruinen frühchristlicher Basiliken in Ufernähe (Kós: Basilika Áj. Stéfanos/Kéfalos; Télendos).

Kós
Links der Straße zur Ordensburg Pálaio Pylí liegt 500 m unterhalb des Parkplatzes ein Mauergeviert (6,10 × 6 m), das mir Bauern als Kirchenruine zeigten. Der an der NW-Seite vorgelegte Talus wurde nachträglich vor die 0,75 m starke Zweischalenmauer gesetzt. Die Maße des Baues lassen vermuten, dass er ein Turm war, in den später vielleicht eine Kapelle eingebaut wurde. Für einen Wacht-

95. Insel Kós, Wohnturm Panajía bei Asómatos, im Hintergrund die Türkei (© ML).

turm spräche die Sichtverbindung zur Burg, die wegen ihrer Lage am Rand einer Gebirgsmulde keinen umfassenden Überblick über die Küste, zur Vigla sowie zu den Inseln Kálymnos und Psérimos bietet.

Ein Wohnturm (**95**) – wegen der ins EG eingebauten Marienkapelle *Panajía* (»Allheilige« = Madonna) genannt – steht wenige 100 m östlich des Weilers Asómatos zwischen Ackerterrassen unterhalb der nach Áj. Dimítrios und Kós führenden Straße. Der zweigeschossige, rechteckige Turm mit Putzresten zeigt lagiges Bruchsteinmauerwerk mit Ziegelauszwickungen und talseitig Eckquader sowie mögliche Verzahnungen. Das EG-Portal mit spitzbogiger Blendnische ist wohl in dieser Form nicht der Originalzugang. Im OG gibt es talseitig ein großes Fenster mit gefaster Quaderrahmung und doppeltem Sturz aus frühchristlichen oder antiken Spolien. Den Abschluss bilden Johanniter-Zinnen mit Sichtschlitzen und einer Zinnenlücke auf jeder Seite. In Zinnenhöhe sitzt an der Südseite ein Säulenfragment als Spolie. Trotz der Zinnen und der auf Wurferker verweisenden Konsolen war der Turm kein Wehrbau, sondern ein Landhaus. Dafür spricht neben dem großen repräsentativen Fenster die angebaute Kapelle.

Wachtposten (Vígles)

Viele Berge in der Ägäis werden *Vígla*, *Merovigli* oder *Vardia* genannt: *Vardia* (*Guardia*) und *Vígla* bedeutet Wacht(-Posten). Auf Kastellórizo und Sými heißt jeweils der höchste Berg *Vígla*. *Merovigli* bedeutet Tagwacht. Auch die Bergnamen *Skópi* (Insel Nísyros) und *Piskopi* (für die Insel Tílos), die auf Ausgucke verweisen, sind bezeugt.

Wachtposten waren, wenn auch gegenteilig gedeutet,[32] trotz unbefestigten Zustands Teile des Verteidigungssystems, denn einige Burgstandorte lassen sich nur durch die Existenz einer *Vígla* erklären, da nur über sie Sichtkontakt möglich war.[33] *Vígles* dienten dazu, bei Annäherung von Feinden Signale zu geben, um Abwehrmaßnahmen vorzubereiten. Eine Anordnung des Ordens über Tag- und Nachtwachen und darüber, wie Feuer-/Rauchsignale zu geben seien, ist aus dem Jahre 1449 überliefert.[34]

Wehr- und Schutzbauten zwischen Funktionalität und Symbolhaftigkeit

Vielgestaltig präsentieren sich die Wehrbauten im Ordensstaat, je nach Funktion und je nachdem, ob es sich um übernommene, vom Orden mehr oder weniger umfänglich ausgebaute antike oder byzantinische oder um neu erbaute Befestigungen handelt.

Im Abwehrkampf gegen türkische Heere war der Orden mit der modernen Artillerie der Sultane konfrontiert, was Reaktionen im Wehrbau zur Folge hatte. Baumeister und Ingenieure des Ordens, oft Italiener und Franzosen, entwickelten innovative Wehrelemente. Im Ordensstaat lassen sich viele Entwicklungslinien von mittelalterlichen Burgen zu frühneuzeitlichen Festungen exemplarisch nachvollziehen. Von hier gingen Impulse für die Wehrbauentwicklung aus: Da die Ordensritter aus verschiedenen Regionen Europas stammten, fand Wissenstransfer nach und von Rhódos statt.

Die Vermittlung der Kenntnis neuer Wehrbauentwicklungen erfolgte aber nicht allein über Ordensmitglieder und Militärs, die im Ordensstaat gedient hatten. Auch Jerusalem-Pilger, die auf ihrer Reise Station im Hafen von Rhódos machten, berichteten nach ihrer Rückkehr – oft in schriftlichen Aufzeichnungen – von offiziellen Besichtigungen der Festung Rhódos: Adelige, Kaufleute und Geistliche wurden von Johannitern auf die Wehranlagen geführt. Über solche Besichtigungen der Festungsstadt durch Reisende und Pilger, darunter (Hoch-) Adelige, wurde die Kenntnis innovativer Wehrelemente nach Europa vermittelt.

Wie in Rhódos besichtigten in Kós Reisende im Spätmittelalter die Festung. So wissen wir, dass die Nürnberger Johann Tucher und Sebald Rieter, die am 15.2.1480 nach Kós kamen, hier »*zwen tag ungewiters halb still lagen und in den tagen unser vil ans land furen und das schloss Longon besahen, das auch der Rhodiser herrn ist*«.[35]

In der 2. Hälfte der ägäischen Ordensherrschaft begann die Ausprägung der Festung der Frühen Neuzeit; einige ihrer wichtigsten Elemente – Bastion und Kaponniere – gibt es an Wehrbauten der Johanniter. Daneben sind Elemente vorhanden, die primär »Bedeutungsträger«[36] waren. Insofern sind bei der Analyse der Wehrbauten im Einzelfall jeweils reale Verteidigungsfähigkeit und symbolische Bedeutung zu unterscheiden.

Da die Johanniter oft kurzfristig auf Bedrohung reagieren mussten und Zeit sowie Geld zum systematischen Ausbau der Stadtbefestigung fehlten, kam es zum Nebeneinander verschiedener Wehranlagen/-elemente, die mit gängigen burgen-/festungskundlichen Benennungen teils nur schwer zu fassen sind. So findet sich noch in neuer Fachliteratur die synonyme Verwendung der Begriffe Geschützturm, Batterieturm, Rondell, »Bastei«,[37] »Bollwerk«[38] und sogar Bastion. Die Auswertung zeitgenössischer Quellen zeigt, dass auch das Spätmittelalter keine einheitliche Terminologie für Burgen (*castel*, *slos*, *geslos*, *thurn*) und Befestigungen sowie für bestimmte Werke (häufig: *pastey*) kannte.

Wehrmauern, Ringmauern, Zwinger

Mauern hatten im Wehrbau passive (Schutz) und aktive Funktionen (Wehrmauer).

»Ringmauer« nennt man eine Mauer, die eine Burg/Befestigung vollständig umschließt. Die Bezeichnung wird häufig mit dem Terminus »Bering« gleichgesetzt, doch konnte ein Bering auch aus Wehrmauern und Gebäuden bzw. bei einer Hausrandburg (Apólona) nur aus Gebäuden zusammengesetzt sein. Der Bering bildete die Hauptverteidigungslinie.

Die **Wehrmauern** der Ordensbefestigungen waren meist aus lokalem Gestein in Zweischalentechnik aufgeführt: Zwischen gemörtelter Außen- und Innenschale liegt Füllmauerwerk aus kleineren Steinen, nicht immer in Mörtelsetzung. Wehrmauern einiger Befestigungen wurden aus dem Material antiker Bauwerke errichtet (Narangía/KOS; St. Peter).

96. Rhódos, Stadtbefestigung. Mauerwerk, verschiedene Quaderformate (© ML).

Wehrmauern aus Trockenmauerwerk (oft ca. 1,20 m stark) finden sich an einigen übernommenen byzantinischen Befestigungen. Oft sind im Kern byzantinische Mauern nur an ruinösen Befestigungen als solche zu erkennen, wie am Kástro in Míkro Chorió/TIL, dessen dorfseitiger Ringmauerabschnitt vom Orden um eine vor die ältere Mauer gesetzte Mauerschale verstärkt wurde. Letztere lässt sich anhand der Mauertechnik – sorgfältiges, kleinteilig quaderartiges Mauerwerk mit Auszwickungen – und Fotografien vom A. des 20. Jh., die nicht mehr vorhandene Johanniter-Zinnen zeigen, dem Orden zuweisen. Älteren Mauern vorgesetzte Außenschalen sind an vielen Befestigungen vorhanden (Monólithos; Siána, Míkro Chorió/TIL).

Es gab kein einheitliches Mauerwerk an Ordensbefestigungen (96–104). Ein byzantinisches Element sind Ziegelauszwickungen in Bruchsteinmauern; dabei bleibt im Einzelfall offen, ob es sich um byzantinische oder um Mauern der Johanniter handelt, die griechische Bauleute in traditioneller Technik errichteten. Viele Ordenswehrbauten zeigen an den Sichtflächen der Schalen sorgfältiges Quadermauerwerk. Unterschiedliche Quaderformate an der Festung Rhódos verweisen teils auf verschiedene Ausbauphasen.

Auf Wehrmauern verlief ein Wehrgang als Aktionsraum für Wächter und Verteidiger. Zwar galt idealtypisch, ein Wehrgang sollte »*so breit sein, dass im Verteidigungsfall zwei Männer gleichzeitig passieren konnten, also mindestens 1,2 m*«,[39] doch gab es im Ordensstaat Wehrgänge von deutlich weniger als 1 m Breite (Kástro/CHA, **105**; Kástro/KAL). Innere Überkragungen der Wehrgänge auf hölzernen Konstruktionen sind nicht eindeutig nachzuweisen (möglich: Kastélas, Rekonstruktion Spiteri 1994). Gedeckte Wehrgänge wie in Mitteleuropa gab es auf den Dodekanes nicht, ebenso wenig Hurden.

Die Beringe vieler byzantinischer Befestigungen, aber auch neuerrichteter der Johanniter, blieben ohne Flankierungstürme, doch erlaubten ein- und

97. Rhódos, Stadtbefestigung, Bastion und Turm St. Georg. Quadermauerwerk (© ML).

98. Burg Kastélas (Rhódos), Bruchsteinmauerwerk mit Auszwickungen und Wappen des Großmeisters del Carretto (1513–21), rechts (© ML).

BURGEN, FESTUNGEN UND WEHRBAUTEN DER JOHANNITER

99. Chóra (Kálymnos), Kástro. Mauerwerk, dessen Auszwickungen herausgefallen sind; stadtseitiges Teilstück der Ringmauer (© ML).

100. Kós (Kós), Burg Narangía, Mauerwerk aus antikem Abbruchmaterial mit Ziegelauszwickungen am äußeren Bering (© ML).

101. Kós (Kós), Burg Narangía, innerer Bering, Steinmetzzeichen an antiken Quadern (© ML).

102. Kós (Kós), Burg Narangía, äußerer Bering, Teilstück der Feldseite mit antiken Spoilen, u. a. Säulen (© ML).

103. Burg Kastélas (Rhódos), Bruchsteinmauerwerk des Wohnturmes (© ML).

104. Kattavía (Rhódos), Kástro, Fischgrätmauerwerk (opus spicatum) an der Ringmauer (© ML).

BURGEN, FESTUNGEN UND WEHRBAUTEN DER JOHANNITER

105. Palió Chório (Chálki), Kástro. Talseitige Wehrmauer mit sehr schmalem Wehrgang (© ML).

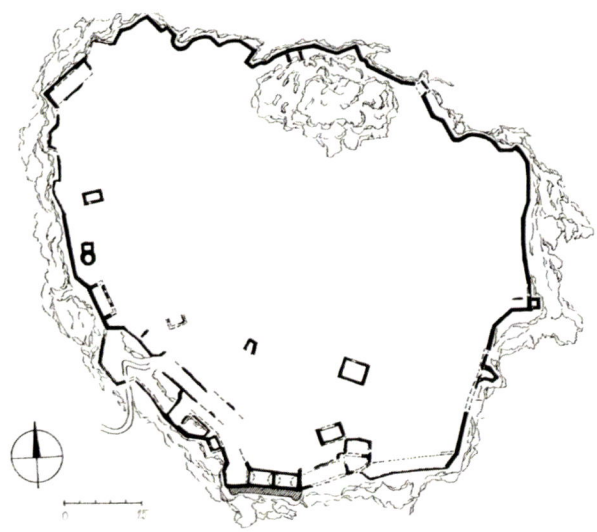

106. Kástro Féraklos (Rhódos), Grundriss (© Dr. Miroslav Plaček).

ausspringende Mauerabschnitte eingeschränkt flankierende Verteidigung. Zu den byzantinischen Beispielen gehört das vom Orden ausgebaute Kástro Féraklos (106), zu denen der Johanniter die Burg Archángelos (71).

Bei der Beschreibung der Festung Rhódos wurde geschildert, dass bei Ausbauten nach 1480 Kurtinen auf eine Stärke von bis zu 12 m gebracht wurden, um sie gegen Kanonbeschuss zu sichern und Geschütze darauf aufstellen zu können. Eine ähnliche Lösung findet sich an der bastionär befestigten Ordensburg auf Léros an der gegen das vorgelagerte Plateau gerichteten Kurtine, wo eine Mauer parallel zur bestehenden erbaut und der Raum zwischen beiden mit Erde gefüllt wurde. Bosio berichtet, nachdem 1492 Rinaldi di San Simone, Bailli von Morea, Burgherr geworden war, hätte dessen »Befestigungsmeister« Filippo di Guidone »die Werke herstellen« müssen.[40] Reparaturen waren wohl nach den Erdbeben 1483 und 1495 notwendig. Die von Bosio überlieferten, 1492 begonnenen Bauarbeiten beziehen sich wahrscheinlich auf die Bastionärbefestigung des äußeren Berings, der einen 1511 datierten Wappenstein trägt. Ein Wappen d'Aubussons zeigt die Jahreszahl »1506« bzw. »1509«. Die von Bastionen flankierte, 6,5 m hohe Westkurtine ist als Geschützplattform ausgebildet (65) und schließt mit einer außen abgeschrägten Brustwehr, die vier Geschützöffnungen durchbrechen.

Auch andere Ordensburgen erfuhren Verstärkungen gefährdeter Mauerbereiche. An der Burg Siána verläuft gegen die Hochebene eine aus drei nacheinander erbauten, 1,40 (außen), 0,64 (Mitte) und 0,90 m (innen) starken Mauerscheiben bestehende Kurtine (107), die, 2,94 m dick, Stabilität gegen Beschuss bot und den Einsatz eines Legstücks zuließ, was die Wehrgangsbrüstung mit kurzen, teils gerichteten Schlitzscharten und einer Geschützpforte zeigt. Die Zinnen tragen Konsolen für hölzerne Klappläden zur Deckung der Zinnenlücken. Eine Mauerverstärkung erfuhr auch die die Kurtine flankierende Schale, der ein hoher Talus angefügt wurde. An der Burg Monólithos blieb die nachträglich vorgesetzte Mauer der torflankierenden Schale ohne Talus.

BURGEN UND WEHRBAUTEN DER JOHANNITER AUF DEN DODEKANES

Bei vielen Befestigungen im Ordensstaat wurde in einer späteren Phase der untere Teil der Mauer durch eine Anböschung, den Talus, verstärkt. Neben der Burg Siána und der Festung Rhódos zeigen verschiedene Burgen (Castello Rosso/MEG, Turm, dreiseitig, wohl um 1451; Mandráki/NIS, Schildmauer, 108) und Befestigungen (Féraklos; Antimácheia/KOS, nach 1496) den Talus. Dem Wachtturm auf Kap Foúrni wurde er nachträglich angefügt.

Zur Festungsbauentwicklung im heutigen Italien, die impulsgebend für Europa war, gehörte die Verstärkung der Wehrmauern mit hohen Anschrägungen ihres unteren Bereiches, der optisch am Übergang zum senkrechten oberen Mauerabschnitt durch ein halbrundes Gesims betont wird, den Kordon (ital. *cordone*; franz. *cordon*: Kordel, Band, Schnur, Gürtel). Im Wehrbau der Renaissance kam er ab dem späten 15. Jh./frühen 16. Jh. vor. An Ordensbefestigungen erscheinen Frühformen des Kordons in Form profilierter, teils gekehlter Gesimse an der Stadtbefestigung von Rhódos (109) und der Burg Áj. Nikólaos.

Zwinger sind zwischen der Ringmauer und einer äußeren (Zwinger-)Mauer gelegene Geländestreifen, die im spätmittelalterlichen Wehrbau Europas als zusätzliches Annäherungshindernis (s. a. Torzwinger) dienten. Zwingermauern waren bei größeren Wehrbauten oft mit Türmen besetzt. Im Ordensstaat finden sich wenige Befestigungen mit ausgeprägten Zwingern. Zu den Ausnahmen gehören neben den Burgen Apolakía und Narangía/KOS die Großmeisterburg in Rhódos sowie die mit ihr verbundene Stadtbefestigung mit aufwendigen Zwingersystemen, die kleine Schalentürme flankieren. Die Höhe der Hauptmauer liegt bei 12–15 m, die der Zwingermauer bei 6–7 m. Letztere weisen den Weg zur Entwicklung des Niederwalles frühneuzeitlicher Festungen, der zwischen den Fuß des Hauptwalles und den Graben gelegten Linie zur niederen Grabenverteidigung.

Schildmauern und Geschützplattformen

Schildmauern waren besonders hohe und/oder dicke Mauern an gefährdeten Seiten von Burgen in Sporn-/Hanglage, um sie gegen das überhöhende

107. Siána (Rhódos), Burg. Zweifach verstärkte Kurtine als Geschützplattform (© ML).

Gelände zu schützen. Sie boten Deckung gegen Beschuss durch Mauermasse, ihre Defensiveinrichtungen waren der Wehrgang und ggf. Streichwehren. Später wurden Schildmauern in die Verteidigung einbezogen, indem sie integrierte Schießkammern erhielten. Nach Verbreitung der Feuerwaffen wurden einzelne zu Geschützständen ausgebaut.

In Griechenland und im Ordensstaat fehlen Schildmauern fast völlig. Die Burg Mandráki/NIS sicherte bergseitig eine mindestens zweiphasige, stumpfwinklig gebrochene Schildmauer ohne Öffnungen mit umlaufenden Konsolen (108) – wohl eines bei der Erhöhung der Mauer aufgegebenen Wehrgangs – und die Unterburg von Kastélas schützte eine dünne, unter d'Amboise (1503–12) und del Carretto (1513–21) erbaute Geschützschildmauer (76).

BURGEN, FESTUNGEN UND WEHRBAUTEN DER JOHANNITER

108. Mandráki (Nísyros), Burg. Schildmauer mit Talus und Konsolen des bei Erhöhung der Mauer aufgegebenen Wehrgangs (© ML).

Fließend sind in einigen Fällen Übergänge zwischen Schildmauer und Geschützplattform, so am Castello Rosso/MEG, dessen rechteckigem Hauptturm seeseitig ein von zwei Rundtürmen flankierter, später zur Geschützplattform umgestalteter Zwinger vorgelegt ist, die in dieser Form vielleicht erst nach dem Verlust der Burg durch den Orden 1440 erbaut wurde.

Nach der Optimierung der Belagerungsartillerie entstanden seit der 2. H. des 15. Jh. mit Schießkammern und Geschützplattform ausgestattete **Geschützschildmauern**, wie es sie in eindrucksvollen Beispielen in der Pfalz gibt, etwa an Burg Neuscharfeneck, deren 58 m lange, 12 m dicke Geschützschildmauer zu den größten in Europa gehört. Ihre heutige Gestalt erhielt sie wohl wesentlich um/nach 1470 und um 1530.[41] Hochadelige aus der Pfalz besichtigten auf dem Weg nach Jerusalem nachweislich die Festung Rhódos, so könnten Anlagen in der Pfalz und anderswo durchaus von dort beeinflusst worden sein.

Die **Geschützplattform** (ital. *piatta forma*) war ein wichtiges Element im Zeitalter der frühen Feuerwaffen, wie anhand der Ausbauten der Ordensburg auf Léros und der Burg Siána unter Wehrmauern dargelegt. In besonders gefährdeten Abschnitten der Festung Rhódos – dort, wo ansteigendes Gelände die Stadtmauer fast überhöht – wurde der Graben verdoppelt. Felsriegel bzw. Erdwerke zwischen den Gräben bildeten zusätzliche Wehrplattformen. Eine ähnliche Idee lag dem Ausbau der Burg Hohenecken/Pfalz zugrunde: Dem Graben vor der

Schildmauer wurde (nach 1560?) ein zweiter vorgelegt. Zwischen den Gräben liegt die zur Geschützplattform ausgearbeitete Felsbank.[42]

Die eindrucksvollste Geschützplattform im Ordensstaat steht am Handelshafen von Rhódos. Als Verbindung mit der Stadtbefestigung und dem zum Schutz des Hafens unter Meister de Naillac (1396–1421) erbauten, 46 m hohen Naillac-Turm entstand sie durch die Erweiterung einer älteren Mauer nach 1480 (67).

Der Großmeisterburg ist eine schildmauerartige, in die Stadtbefestigung integrierte Geschützplattform vorgelegt. Auch diese verbindet Elemente von Geschützplattform und Schildmauer (vgl. in Deutschland die Moritzburg in Halle), aber auch Parallelen zu den in der Literatur als »Tenaillen« bezeichneten isolierten Werke im Graben von Rhódos.

Wie eine von Tourellen gerahmte Schildmauer wirkt die über Gewölben angelegte, nicht eindeutig datierte seeseitige Geschützplattform des Kástro Féraklos (5).

Torbauten

Viele ägäische Ordensburgen und -befestigungen erschließen einfache, durch Wurferker und eine Zugbrücke gesicherte Mauertore, doch bietet die Festung Rhódos alle im Spätmittelalter gängigen Tortypen, vom in einen Versprung der Stadtmauer eigezogenen, mit Maschikuli und seitlich flankierender Schießscharte gesicherten Mauertor (Katharinentor) über Tore mit einem Turm zur Deckung (St. Johann) und Tortürme (St.-Georgstor) bis zu Doppelturmtoren. Mehrere aufwendigere Torbauten haben gewinkelte (geknickte) Torwege (Rhódos: D'Amboise-Tor; Burg Narangía/KOS, äußeres Tor), ein Element, das in vielen Kreuzfahrerburgen zur Anwendung kam.

An der Festung Rhódos und der Großmeisterburg fallen mehrere eindrucksvolle Doppelturmtore – feldseitig von zwei Türmen flankierte Tore – auf: D'Amboise- (28) und Thalassini-Tor (109) an der Stadtbefestigung sowie Hauptburg- (42) und Kanonentor an der Burg. Zwar boten Doppelturmtore Möglichkeiten zu flankierender Torverteidigung (oder Grabenverteidigung, wie durch die Geschütztürme des D'Amboise-Tores, 1512), doch darf ihre symbolische und zeremonielle Bedeutung nicht unterschätzt werden: Zum Empfang hochrangiger Gäste zog der Meister diesen von der Burg zum Hafen entgegen, so 1482 dem osmanischen Prinzen Djem, der mit großem Zeremoniell empfangen wurde. Eine Buchmalerei im *Codex Caoursin* (A. 16. Jh.) zeigt dessen Einzug durch das Thalassini-Tor und den Empfang durch den Meister. Besondere Gäste durften »*zunächst das mit dem Wappen des Großmeisters geschmückte Tor der Stadt, andere auch das des Großmeisterpalastes durchschreiten und hatten dort Zugang zu verschiedenen Gemächern*«.[43]

Das mehrphasige Thalassini-Tor (um 1478) war zur Verteidigung mit Handfeuerwaffen eingerichtet, die rondellartigen Flankierungstürme des um 1512 vollendeten D'Amboise-Tores kasemattiert.

Neben Wehrelementen wiesen Torbauten Schutzelemente auf, darunter eisenbeschlagene Torflügel gegen Brandlegung und Rammen (an der Festung Rhódos teils erhalten, manche osmanisch), Fallgitter sowie Zugbrücken. Fallgitter waren schon Bestandteile spätantiker Torsicherungen, ab dem 13. Jh. gab es sie zunehmend an Burgen und Stadtbefestigungen in Mitteleuropa. Sie bestanden meist aus gitterförmig zusammengefügten Holzbalken, die durch Eisenbeschläge verstärkt sein konnten und waren schnell in den Torweg abzusenken, um so das Tor zu verstärken oder ins Torhaus eingedrungenen Gegnern den Rückzug abzuschneiden. Mauerrinnen für Fallgitter sind an den Stadttoren von Rhódos (Thalassini-Tor, 110) und der Festung St. Peter erhalten.

Zugbrücken gehörten zu den im Spätmittelalter gängigen Elementen der Torsicherung. Bei breiteren Gräben konnte das dem Tor vorgelegte Teilstück der über den Graben führenden Brücke beweglich ausgebildet sein, um mit Zugketten vor das Tor gehoben werden zu können. Damit war für Angreifer der Weg über die Brücke unterbrochen und das Tor durch die aufgezogene Zugbrücke zusätzlich geschützt.

Zugbrücken gab es an den Festungen Rhódos, Narangía/KOS und Antimáchia/KOS (an Halbmond

BURGEN, FESTUNGEN UND WEHRBAUTEN DER JOHANNITER

109. Rhódos, Stadtbefestigung. Thalassini-Tor, um 1478, Feldseite mit Talus, die Geschosse betonenden Gesimsen und Maschikuli an der Plattform. Über dem Tordurchgang Marmorrelief mit Heiligendarstellungen. Im Vordergrund Fundamente des Torzwingers (© ML).

[vor 1521] und Haupttor). Zugänge einiger Ordensbefestigungen sicherten kleine Zugbrücken, die mit nur einer Kette, deren Führungsöffnung mittig über dem Tor angebracht war, aufgezogen werden konnten, so am Kástro tís Panajías/LER am Zugang zur Kernburg und am Kástro über Chóra/KAL, wo das äußere Tor einen zur Batterie ausgebauten Torzwinger erschließt. Die aufgezogenen Brücken schlugen in rechteckige Blenden ein. Eine solche ist auch an der Burg Mandráki/NIS erhalten.

Kleine Zugbrücken sicherten die Zugänge der als detachierte Werke vor der Festung Rhódos an den Häfen stehenden Türme, die isolierte Treppentürme erschlossen. Von diesen führte jeweils der Weg über die Zugbrücke in den Turm. Eine separate Zugbrücke gab es am Turm von England (1. H. 15. Jh.), einem Wehr- und Wohnturm der Burg St. Peter.

Torzwinger und »Barbakanen«

Als **Barbakane** bezeichnet die deutschsprachige Fachliteratur eine dem Tor vorgelegte, von Tor und Bering teils oder ganz separierte Wehranlage (Vortor), die meist jenseits von Zwinger und Graben angelegt war. Im englischen Sprachgebrauch hingegen findet sich die Bezeichnung *barbican* auch für Torzwinger, die mit der Hauptumwallung bzw. der Ringmauer im Verband standen oder allgemein für befestigte äußere Torhäuser.

Die Barbakane ist eine angeblich aus dem Orient eingeführte Form eines selbständigen Außenwerkes, bei dem *»der Zugang zunächst längs der Mauer und dann abknickend zum Tor führte«*,[44] um Angreifer von der Wehrmauer aus längs und sodann vom Tor her bekämpfen zu können. Legt man diese Definition zugrunde, sollte bezogen auf die Ordensbefestigungen eher der Begriff Torzwinger verwendet werden.

Nachträglich erbaute **Torzwinger** schützten u.a. Archángelos (**71**), Asklípio, Féraklos, Pálaio Pylí/KOS und die im Kern byzantinischen Befestigungen Agriosykiá, Mesariá und Míkro Chorió auf Tílos. An manchen Wehrbauten wurden im 15. Jh. angefügte Torzwinger als leicht erreichbare Bauteile zuerst Opfer von Steinraub. Ihre Reste wurden nicht wahrgenommen, sie fehlen in publizierten Grundrissen (Archángelos; Péra Kástro/KAL, **72**). Aufwendig ist der mit Geschützscharten versehene Torzwinger des Kástro von Chóra/KAL (15. Jh.), von dessen torparalleler Scharte und Wehrgang der Zugang beschossen werden konnte.

Der größte Torzwinger entstand (nach 1480?) vor dem Trebuc Tower der Stadt Rhódos. Auf Bodenniveau liegen Geschützkammern in der Mauer, auf der ein Wehrgang verläuft (**98**; vgl. Fort Proúzi/LER). Sehr verschiedenartig sind die anderen Torzwinger der Festung Rhódos (Koskinoú- und Thalassiní-Tor).

Außenwerke

Außenwerke sind Verteidigungswerke vor der (Haupt-)Umwallung; abzugrenzen sind sie von den Vorwerken: Außenwerke sind alle zwischen Umwallung und Glacis liegenden Werke wie Ravelin, *Demi lune*, Kaponniere etc. Vorwerke – der Begriff ist nicht fest umrissen – sind hingegen vorgelagerte Werke einer Befestigung, die isoliert in deren Vorfeld standen (z.B. separierte Türme), und auch Außenwerke einer bastionierten Festung wurden so genannt.

Nachfolgend werden Außenwerke vorgestellt, die an Wehrbauten des Ordensstaates in frühen oder besonderen Ausprägungen entstanden und teils später in Deutschland und Mitteleuropa Nachfolge fanden. Mehrere dieser Werke sind mit der heutigen Terminologie der Burgenforschung kaum zu fassen, etwa solche der letzten Ausbauphase der Festung Rhódos.

Prägend für zahlreiche spätmittelalterliche Befestigungen waren vor Wehrmauern ausspringende **Flankierungstürme** zur Verteidigung mit Bogen und Armbrust, später durch Büchsenschützen oder Artillerie. Bis zur Amtszeit de Lastics (1437–54) waren die rechteckigen und gerundeten Flankierungstürme der Stadtbefestigung von Rhódos separiert vor der Mauer stehende *Albarrana*-Türme. Bis zum 16. Jh. wurden sie mit der Mauer verbunden (**58**) und teils mit massiven Vorwerken sowie in einer weiteren Phase mit größeren Außenwerken verstärkt.

110. Rhódos, Stadtbefestigung. Thalassini-Tor, Fallgatterschiene und Riegelbalkenlöcher zur Blockierung des Tores (© ML).

Möglicherweise inspiriert durch byzantinische Befestigungen waren bei italienischen Befestigungen seit dem Spätmittelalter Mauern und »Türme« in der Höhe einander angeglichen, wie in der letzten Ausbauphase der Festung Rhódos (D'Amboise-Tor) und anderer Ordensbefestigungen (Chóra/KAL: Kástro).

Bastei ist ein undifferenziert genutzter Begriff der militärischen Fachsprache des 19. Jh., der oft Rondelle und andere Außenwerke meinte. In Schriftquellen des späten 15./16. Jh. wird zwischen *Posteyen* und *Thürn* (Türme) unterschieden, doch ist die Terminologie uneinheitlich. So wurde der von einem geschützplattformartigen, kasemattierten Bering umgebene Turm St. Nikolaus am Mandáki-Hafen von Rhódos im Bericht *Die Reise des Grafen Johann Ludwig von Nassau-Saarbrücken nach dem heiligen Lande in den Jahren 1495 und 1496* »grosser starcker Thurn gemacht in Pasteys weise« (22) genannt.[45] Auch polygonale Werke der Stadtbefestigung werden in Quellen *Pastey* genannt.

Geschütztürme sind zur Verteidigung mit größeren Feuerwaffen ausgestattete Bauwerke, deren Höhe meist größer ist als ihr Durchmesser; sie überragen die Kurtine um mindestens ein Geschoss. **Rondelle** sind gleich hoch wie oder nur unwesentlich höher als die Kurtine. Ab ca. 1500 entstanden sie als gerundete oder zungenförmige Außenwerke. Im Vergleich zu Geschütztürmen hatten sie größere Mauerstärken und ein gedrungeneres Erscheinungsbild. Geschützkammern lagen bei zunehmender Mauerstärke innerhalb der Mauern. Problematisch war die Entlüftung, die teils über Rauchabzugsschächte erfolgte, deren Öffnungen auf der Plattform liegen (Antimáchia/KOS: Halbmond).

Rondelle gab es an mehreren Befestigungen im Ordensstaat, so auf Rhódos (Festung: Carretto-Rondell, 39; Siána), Kós (Burg und Stadtbefestigung Kós; Pálaio Pylí: Burg), Sými (Chório: Kástro, 32) und Télendos (Kástro) sowie an der Festung St. Peter. Unter Großmeister del Carretto, einem Italiener,

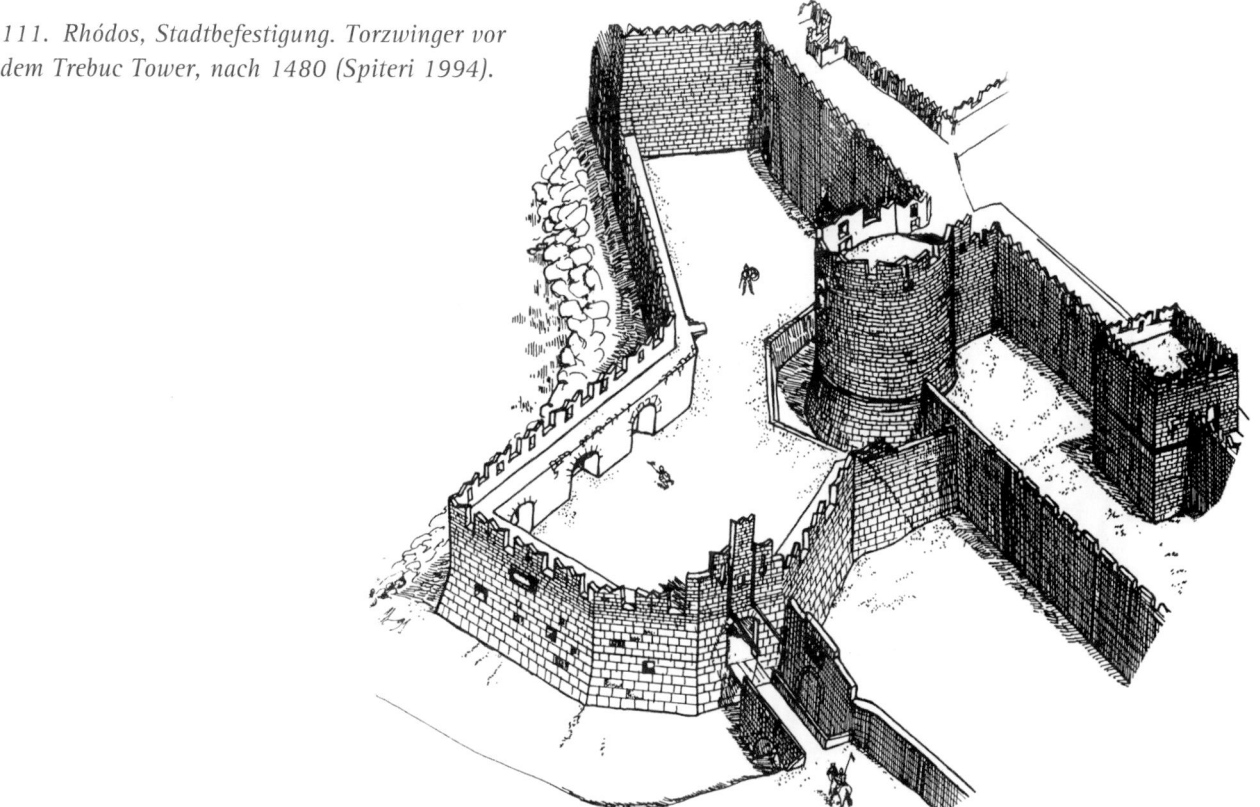

111. Rhódos, Stadtbefestigung. Torzwinger vor dem Trebuc Tower, nach 1480 (Spiteri 1994).

erfolgte ab/nach 1513 die Abkehr von der kurz zuvor neu entwickelten polygonalen Bastion »zurück« zu Rondellen und anderen gerundeten Werken (siehe Halbmond).

Die **Bastion** – die bedeutendste Innovation im Wehrbau am Übergang vom Mittelalter zur Frühen Neuzeit und prägend für den frühneuzeitlichen Festungsbau – hat ebenfalls Wurzeln im Ordensstaat. Sie ist ein im Grundriss fünfeckiges, flankierend vor die Mauer/den Wall oder eine Ecke der Ringmauer/Umwallung ausspringendes Werk.

Anstelle flankierender Türme oder Rondelle waren in Italien und im Mittelmeergebiet im 15. Jh. zunehmend unregelmäßig polygonale (im Ordensstaat: Festung Rhódos; Burg Narangía/KOS; Kástro/CHA), später vereinzelt fünfeckige, winklig vor die Wehrmauer ausspringende, aber mit dieser im Verband stehende Werke zur Artillerieverteidigung errichtet worden. »*Den entscheidenden Schritt zur Bastion, die vom 16. Jh. an zum Standardtypus modernen Festungsbaus wird, machen italienische Baumeister mit der spitzen fünfeckigen Form dieser Werke. Sie macht es zum ersten Mal möglich, die Räume zwischen den Bastionen wie auch die vor den Werken wechselseitig mit dem Feuer der eigenen Geschützbatterien zu beherrschen*« (Volker Schmidtchen).

Bei systematischer Anlage fünfeckiger Bastionen konnten tote Winkel bei der Verteidigung weitgehend vermieden werden, doch wurde dieser Entwicklungsschritt im Ordensstaat noch nicht erreicht. Die fünfeckige, mit drei Winkeln ausspringende Bastion setzt sich aus zwei Flanken und zwei Facen zusammen. Bastionen konnten massiv (Léros) oder kasemattiert (Rhódos) sein.

Erste Bastionen entstanden offenbar um 1484 an Befestigungen in der Toskana; sie wiesen bereits fast alle wichtigen Elemente systematischer bastionärer Befestigungen auf, waren als massive fünfeckige, noch recht schmale Bastionen ausgebildet und besaßen Schießscharten für große Geschütze und flankierendes Feuer. Bald darauf entstanden die von einem Italiener geplanten, teils turmartigen Bastionen der Ordensburg auf Léros und die riesige Bastion St. Georg der Festung Rhódos: Dem St.-Georgs-Tor wurde nach seiner Schließung in mehreren Bauphasen erst ein Ravelin, dann die Bastion vorgelegt, eine der ersten bekannten »echten« Bastionen.

Es bleibt unklar, ob hellenistische Wehrbauten, an denen man im 4. Jh. v. Chr. zu ähnlichen baulichen Lösungen kam, etwa fünfeckigen, turmartigen Werken mit teils eingezogenen Flanken und Kasematten (Insel Sámos), direkte Vorbilder für frühe Bastionen waren. Auch an einzelnen byzantinischen Wehrbauten hatte man schon im Mittelalter, auf ähnlichen Ideen fußend, fünfeckige Turmgrundrisse zur besseren flankierenden Verteidigung des Vorfeldes entwickelt.

Die einzige im Ordensstaat angelegte Bastionärbefestigung ist der äußere Bering der Ordensburg auf Léros. Seine drei Bastionen sind anhand erhaltener Teile und historischer Abbildungen im Kontext zu rekonstruieren (**65**). Die Bastionierung umfasst die Süd- und einen Teil der Westseite der Burg, da hier ein Plateau vorgelagert ist, während die anderen Seiten Steilhänge sicherten. Die Westkurtine trägt feldseitig ein Wappen d'Aubussons, darunter ein »*1511*« datiertes, unbekanntes Wappen. Von der NW- und der SW-(Halb-)Bastion sind wenige Mauerreste erhalten, die »turmartige« SO-Bastion steht teils noch bis zur Brüstungs-, d. h. bis zur Kurtinenhöhe. Sie zeigt fast alle Elemente früher italienischer Bastionen: zwei Facen (am gebösten Fuß je ca. 14 m) und zwei Flanken (die westliche 7–8 m, die nördliche ca. 13 m). Die feldseitig abgeschrägte (später veränderte?) Brustwehr zeigt zwei Schussöffnungen an der Westflanke, eine an jeder Face, eine weitere im Winkel beider Facen; an der Nordflanke ist die Brüstung nicht erhalten.

Einzelne als »bastionsartig« bezeichnete Außenwerke finden sich an einzelnen Befestigungen, so an der Burg Siána. Deren Ostkurtine flankiert ein kleines, viereckiges Werk mit stark gebösster Mauer, urspr. eine (byzantinische?) Schale, die durch den nachträglich vorgeblendeten Talus verstärkt wurde (**112**).

Die **Kaponniere** (Grabenwehr) ist ein in den Graben einer Befestigung vorspringender, verteidigungsfähiger und beschusssicherer Hohlbau. Er

112. Siána (Rhódos), Burg. Nachträglich mit Talus ummantelte Schale (© ML).

wurde senkrecht zur Kurtine zur flankierenden Verteidigung des Grabens nach zwei Seiten hin oder auf einer Ecke der Wehrmauer oder eines Außenwerkes angelegt. Später gab es frei im Graben stehende, durch eine Poterne mit dem Hauptwall verbundene Kaponnieren. Die Einführung der Grabenwehr in den Festungsbau erfolgte wohl A. des 16. Jh., basierend auf der Erkenntnis, dass Grabensohlen von Außenwerken nicht genügend gesichert werden konnten. Lange galt Albrecht Dürer (1471–1528) als Erfinder der Grabenwehr, doch an der NW-Ecke der Festung Rhódos steht eine 1514 datierte Kaponniere mit beiderseits vier Schießkammern, frontal in den Graben weisender Spitze ohne Scharten und steinernem Satteldach. Somit gab es mindestens 13 Jahre vor Dürers Traktat zum Befestigungsbau bereits Grabenwehren[46] (113). Ein ähnliches Werk steht vor der Festung St. Peter.

Da die Festung Rhódos nicht komplett im Ausbauzustand des frühen 16. Jh. erhalten ist, bleibt offen, wieviele Grabenwehren es hier gab. Mindestens an einer Stelle ist der Ansatz einer vermutlich ähnlichen Grabenwehr erhalten. In der Bauphase ab 1480/81 wurden an der Stadtbefestigung neue Werke errichtet, die Feuerebenen auf Grabenhöhe aufwiesen.

Bemerkenswert ist die wohl nach Ausbau des äußeren Berings der Hafenburg Kós nach 1500 angelegte, in die Brücke zum Torzwinger der Kernburg integrierte Kaponniere.

Halbmond (*demi lune*) steht in der Festungsterminologie für ein Außenwerk (mit zwei Facen) der Bastionärbefestigung vor der Bastionsspitze oder Kurtine. Vermutlich geht die Bezeichnung auf ältere halbkreisförmige Außenwerke vor Toren oder gefährdeten Befestigungsbereichen zurück, wie das vor dem Haupttor des Kástro Antimachía/KOS. Un-

113. Rhódos, Stadtbefestigung: Kaponniere, 1514 (© ML).

114. Antimáchia (Kós), Kástro mit Halbmond zum Schutz des Tores (© Dr. Mathias Piana).

ter del Carretto erbaut ist es der ca. 300 m langen Front gegen das anschließende Hochplateau vorgelagert. Die Schießkammern haben Rauchabzüge, das Flachdach diente als Geschützplattform (114). Strukturell vergleichbar, doch größer und aufwendiger ist das 1514 vollendete Carretto-Rondell der Festung Rhódos.

Ein kleinerer Halbmond im Hafenbereich vor der Stadtbefestigung von Rhódos wurde später (in osmanischer Zeit?) durch eine frontal gegen die Einfahrt des Handelshafens gerichtete rechteckige Batterie überbaut.

Ravelin werden Außenwerke im Graben der Bastionärbefestigung genannt, die i.d.R. zwischen zwei Bastionen mittig der Kurtine vorgelegt sind und sich aus zwei Facen und teils auch zwei (meist kurzen) Flanken zusammensetzten. Als frühes Beispiel gilt das Rivellino in Locarno/CH (1506), doch gab es Ravelins schon vor 1480 an der Festung Rhódos einigen Toren und Türmen vorgelegt (Koskinoú-Tor, **59**; St.-Georgs-Tor). Ein durch Aufhöhung eines älteren Werkes entstandener Ravelin steht gegen den Colona-Hafen gerichtet.

Schütten aus aufgeworfener Erde waren oft improvisierte, vergleichsweise schnell und billig zu errichtende Werke zur Feuerwaffenverteidigung. Bei geringem Platz konnten Plattformen hinter der Ringmauer aufgeschüttet werden, wie im Kástro Antimácheia/KOS. Zwei Schütten richten sich dort gegen den seitlichen Halsgraben, eine weitere zum Tal. Sie könnten beim Ausbau unter del Carretto nach 1513 entstanden sein und haben im Vergleich mit der älteren Kurtine stärkere Brüstungen.

Vorwerke (detachierte Werke)

Detachierte Werke unterscheiden sich von Außenwerken einer (Stadt-)Festung dadurch, dass sie in keinem unmittelbaren baulichen Zusammenhang mit der Stadtmauer bzw. der Umwallung stehen.

BURGEN, FESTUNGEN UND WEHRBAUTEN DER JOHANNITER

Detachierte Türme gab es bereits an Kreuzfahrerburgen, z.B. am Hafen vor der Burg Apollonia-Asuf/Israel. Im Spätmittelalter entstanden solche Türme vor einzelnen Burgen, in Deutschland z.B. vor den Pfälzer Burgen Falkenstein, Hardenburg und Berwartstein: Dem Prinzip des Turmes St. Nikolaus/RHO entspricht der E. des 15. Jh. als Vorwerk von Berwartstein erbaute zweigeschossige Turm Kleinfrankreich (Höhe und Ø 14 m, Mauerstärke 3,20 m) mit Schießkammern, Wehrplattform für kleinere Geschütze und Ringmauer.

Im Vorfeld der Stadt Rhódos standen drei **Forts** als Vorwerke, von denen zwei aus Türmen des 15. Jh. hervorgingen. Ein detachiertes Fort, das *Konáki* (türk. *Konak*), steht vor dem Castello Rosso oberhalb der Hafenbucht von Megísti/MEG. Als Außenwerk bzw. Batterie ohne Flankierungen entstand es vermutlich gegen Ende der Ordensherrschaft über die Insel, d.h. vor 1440, zum Schutz des Hafens. Einige Johanniter-Zinnen sind erhalten. Zur Zeit der türkischen Besatzung soll das OG hinzugefügt worden sein; damals war der Bau Sitz des Gouverneurs (115).

Ungeklärt ist, ob das Küstenfort Proúzi unterhalb der Ordensburg auf Léros in der Johanniter- oder Türkenzeit entstand. Mit den großen ebenerdigen Schießkammern und dem darüber verlaufenden Wehrgang zeigt es Parallelen zum Torzwinger vor dem Trebuc Tower in Rhódos.

Wehrelemente

Zinnen sind gemauerte Aufsätze auf der Brüstung einer Ringmauer oder auf Gebäuden, die es Verteidigern erlaubten, aus der Deckung heraus Abwehrmaßnahmen (Beschuss, Steinwürfe etc.) vorzunehmen bzw. durch Sichtschlitze in den Zinnen (116) Angreifer zu beobachten. Darüber hinaus waren

115. Megísti (Kastellórizo), Castello Rosso mit Vorwerk Konáki hinter dem Minarett der Moschee (©ML).

Zinnen Herrschaftssymbole. Daher veränderten die Johanniter an übernommenen Wehrbauten oft Wehrgangsbrüstungen, indem sie »ihre« Zinnen anbrachten, deren spezifische Form ein architektur-ikonologisches Herrschaftszeichen mit Wiedererkennungswert war. Die Johanniter-Zinne war Variation der Schwalbenschwanzzinne mit doppelter bis mehrfacher Einkerbung. An einigen Bauten blieben byzantinische Rechteckzinnen erhalten (u. a. Líndos).

Die Entwicklung der Feuerwaffen und das Nebeneinander verschiedener Waffen wird deutlich an der Ausbildung mancher Brüstung (z.B. Siána). An der Festung Rhódos (Carretto-Rondell, 39) und am Außenbering der Burg Narangía/KOS (um 1500) weisen Brüstungen gerichtete Schießscharten für Handfeuerwaffen innerhalb der Geschützpforten auf.

An einigen Befestigungen haben die Zinnen Krampen für hölzerne Klappläden, die zum Schutz der Verteidiger hinter den Zinnenlücken dienten (Festung Rhódos; Líndos, **117**; Siána; *Pýrgos*: Wachtturm, Narangía/KOS; St. Peter). Vereinzelt schützten steinerne Schirme die Zinnenlücken (**23**).

Unter Großmeister del Carretto wurden nach 1513 **Brüstungen** der Stadtbefestigung von Rhódos für den Einsatz von Geschützen verändert. Aus dieser Zeit stammen nach außen abgerundete Brüstungsabschlüsse, so östlich des Áj.-Athanásios-Tores, die es ähnlich an der Sangallo-Bastion in Rom gibt.

Vereinzelt wurden Johanniter-Brüstungen türkische Zinnenabschlüsse mit Reihungen kleiner dreieckiger Abschlüsse aufgesetzt (Chóra/KAL: Kástro; Burg Narangía/KOS; Ordensburg auf Léros).

Schießscharten wiesen fast alle Ordensbefestigungen auf. Die Variationsbreite reicht von einfachen Schlitzscharten (an der Stadtbefestigung von Rhódos auch als Fischschwanz-, seltener als

116. Johanniter-Zinnen an der Festung Rhódos (© ML).

117. Líndos (Rhódos), Ordensburg. Rechts Torbau mit Wehrerker über dem Zugang, links der spätgotische Wohnbau, an den Zinnen Krampen für Klappläden (© ML).

Steigbügelscharten ausgebildet) über Kreuzschlitzscharten (bis gegen E. 14. Jh.) für Armbrüste, Schlüssel(loch)scharten verschiedener Größen, großen Rundscharten und quadratischen, in einigen Fällen trichterförmig eingezogenen Scharten für Geschütze (oft mit Sichtschlitz darüber) bis hin zu einzelnen einfachen Maulscharten.

Manche Schlitzscharten wurden für die Nutzung moderner Feuerwaffen verändert, so wurden z.B. Schlitz- zu Schlüsselscharten. Aus dem parallelen Einsatz unterschiedlicher Verteidigungswaffen resultierte das Vorkommen verschiedener Schartenformen nebeneinander, auch an einzelnen Werken (Rhódos: Carretto-Rondel).

In Torwege gerichtete Schießscharten zeigen einige Tore der Festung Rhódos (Thalassini-, Katharinentor) und das Haupttor des Kástro Líndos, dort als breite Kreuzschlitzscharte (118).

Hölzerne Aufbauten sind an Ordensbefestigungen nicht erhalten; es ist fraglich, ob es auf den Inseln mit ihrem Holzmangel überhaupt hölzerne Streichwehren gab. Von steinernen Streichwehren blieben teils Konsolen (Mesaría/TIL, 85).

Häufig sind **Wehrerker** (Wurferker), nach unten offene, feldseitig angebrachte Erker, v. a. über Toren (117) und Hocheingängen, um Angreifer von oben bekämpfen zu können (Vertikalverteidigung, z.B. durch Steinwürfe), doch dienten sie auch als Kommunikationsöffnungen bei geschlossenem Tor und als Bedeutungsträger, etwa an Turmhäusern. Aufgrund der wohl im 19. Jh. aufgekommenen irrigen Vorstellung, es sei heißes Pech aus Wehrerkern gegossen worden, wurden sie »Pechnasen« und »Gusserker« genannt. Die Wehrerker kragen über Konsolen aus (Festung Rhódos; Líndos; Antimáchia/KOS), ebenso wie Wurfschachtreihen, sog. **Maschikuli**. Sie kamen in verschiedenen Ausprägungen (z. B. Reihenmaschikuli) an Kreuzfahrerbefestigungen im Orient vor, ebenso an einigen Wehrbauten im Ordensstaat, wie an mehreren Türmen und Toren der Festung Rhódos (u. a. Thalassini-Tor, 123). Wehrerker und Maschikuli sind nicht immer gegeneinander abzugrenzen, etwa die um Ecken geführten Erker am St.-Katharinentor von Rhódos sowie am obersten Tor der Burg Mandráki/NIS.

Schutzanlagen außerhalb der Ringmauer

Aus dem mittelalterlichen Wehrbau Mitteleuropas sind verschiedene Formen von Annäherungshindernissen im Vorfeld von bzw. an Burgen und Befestigungen bekannt, die aus Holz, Erde, Stein oder einer Kombination der genannten Materialien bestanden. Zu den wichtigsten Annäherungshindernissen im Vorfeld von Befestigungen gehörten Wälle, Gräben, Gebück sowie Palisaden.

Das **Gebück** war eine Dornenhecke, ein Hindernis aus gepflanzten stacheligen, ineinander verschlungenen Sträuchern oder Bäumen in dichter Setzung vor einer Befestigung. Da der Wassermangel auf den Inseln im Sommer, der »Kriegssaison« im Mittelmeergebiet,[47] groß ist, konnte man wohl kein Wasser zum Gießen solcher Hecken erübrigen. Ebenso wenig nachweisbar wie das Gebück ist der **Verhau**, ein Hindernis aus gefälltem Holz. Zwar werden in der Ägäis noch heute Verhaue aus gefällten Büschen um Felder angebracht – oft auf eine Mauer aufgelegt, um das Betreten zu verhindern und Ziegen fernzuhalten –, doch wäre ein solch lockeres Hindernis leicht zu entfernen und im hei-

118. Líndos (Rhódos), Burg. In den Torweg gerichtete Kreuzschlitzscharte (© ML).

119. Festung Rhódos, Fischschwanzscharte (© ML).

120. Festung Rhódos, Runde Feuerwaffenscharte (© ML).

121. Burg Narangía/Kós, Schießkammer für Geschütz, aus antikem Baumaterial aufgeführt (© ML).

122. Burg Narangía/Kós, Schießkammer für Geschütz, aus antikem Baumaterial aufgeführt (© ML).

ßen ägäischen Sommer schnell niederzubrennen gewesen.

Manche Annäherungshindernisse sind in zeitgenössischen Bild- und Schriftquellen überliefert. Während der Kämpfe um den Turm St. Nikolaus bei der Belagerung von Rhódos 1480 kam es zur Anlage zusätzlicher Schutzanlagen. Der Meister ordnete an, »zu machen einen vest guoten stercken zawn [Zaun] mit schüt [Wall]« vor dem Turm »vnd ein graben dar vmb, außgehaut auß dem fels«, so der Chronist Caoursin (299r–299v). Auch im seichten Wasser vor dem Turm wurden Annäherungshindernisse geschaffen: »laden vnnd breter mit gespitzten negeln in die hoech gerecket«. Der beschädigte Turm wurde so während der Kämpfe zusätzlich mit Palisaden, Wall und Graben gegen Infanterieangriffe gesichert.

Palisaden waren aus miteinander verbundenen Pfählen bestehende, öfter vor Wehrmauern und Toren angelegte Annäherungshindernisse, die ab dem Spätmittelalter Elemente zur aktiven Verteidigung (z.B. Schießscharten) aufweisen konnten. Aus dem Ordensstaat sind Palisaden aus Bild- und Schriftquellen bekannt, so aus einer Instruktion des Großmeisters d'Aubusson zu Arbeiten an der Burg Narangia/KOS vom 7.3.1500.[48]

Der **Graben** war ein künstlicher Erd-/Felseinschnitt, der als Annäherungshindernis eine Befestigung umgab (Ringgraben), Teile einer Burg oder Befestigung sicherte (Abschnittsgraben) oder den Burgstandort auf einem Sporn bzw. einer Bergzunge vom anschließenden Gelände trennte (Halsgraben). Nur wenige Befestigungen im Ordensstaat

123. Rhódos, Stadtbefestigung. Maschikuli der Wehrplattform des Thalassini-Tores (© ML).

waren durch Gräben gesichert, darunter die Festung Rhódos mit ihrem differenzierten Grabensystem, das Kástro Kattavía, die Hafenburg Narangía/KOS durch einen wassergefüllten Halsgraben mit Verbindung zum Meer und die Burg Filérimos durch einen Abschnittsgraben.

Die meisten ägäischen Ordensburgen in Spornlage besitzen keinen Halsgraben, doch wurden anscheinend bei mehreren Befestigungen vor der Angriffsseite Steine zum Bau gebrochen, wodurch Mulden entstanden (Stavrós/TIL). Halsgräben liegen vor der Seitenfront des Kástro Antimáchia/KOS, vor der Schildmauer der Burg Mandráki/NIS (108) und vor der Burg Lárdos.

Die aufwendigste Form des Grabens war die mit jeweils gemauerter **Eskarpe** (innere Grabenwand) und **Kontreeskarpe** (äußere Grabenwand). Vereinzelt wurde seit dem 16. Jh. versucht, eine Deckung der Eskarpe gegen Direktbeschuss durch ein entsprechend hohes Glacis zu erreichen. Bei der Festung Rhódos ist dies durch die Topographie über weite Strecken natürlich vorgegeben, denn sie liegt am Rand eines Hanggeländes. Bemerkenswert ist hier die fast durchgehend sorgfältige gemauerte Kontereskarpe (36, Teilstücke mit Wappen del Carrettos). Gemauerte Kontereskarpen gab es vor der Festung St. Peter, der Hafenburg Kós und wahrscheinlich der Spornburg Lárdos.

(Erd-)**Wälle** von Befestigungen des Ordens in der Ägäis sind nicht bekannt. Der Wall war – in Kombination mit dem Graben, dessen Aushub meist seiner Aufschüttung diente – eines der frühesten Befestigungselemente überhaupt, doch bot die karge ägäische Landschaft kaum Material für Erdwälle. Der Wall (*schüt*), der während der Belagerung 1480 vor dem Turm St. Nikolaus angelegt wurde, dürfte aus dem Grabenaushub, d. h. aus Geröll und Steinen bestanden haben.

Eine Sonderform war der **Notwall**, angelegt hinter einer Bresche, der durch Beschuss oder Unterminieren zerstörten Stelle einer Befestigung, durch die Angreifer eindringen wollten. Notwälle wurden aus gerade zur Verfügung stehendem Material, nicht selten aus abgebrochenen Wohnhäusern in den durch die drohende Bresche gefährdeten Teilen einer Stadt, aufgeführt, wie in Rhódos 1480: Nachdem die Verteidiger nach einem Sturmangriff bemerkt hatten, dass die Türken vor dem Judenviertel große Büchsen in Stellung brachten, ließ der Meister, so Caoursin (1480, 299r), »zerbrechen die juden heüser, die zu nahent waren der statmaur, vnd lies daselbs jnnwendig der maur auffwerffen ein graben vnd hindter dem machen ein zaun wol außgeschütt«. Unter Verwendung des Materials der abgebrochenen Häuser wurde eine Verteidigungslinie hinter der Stadtmauer angelegt.

In den Kontext der Wall-Graben-Befestigungen gehörte seit der Frühen Neuzeit das **Glacis**, eine Erdschüttung vor dem äußeren Grabenrand bzw. dem Gedeckten Weg einer (bastionären) Festung. Nach außen flach abgesenkt, konnte das Glacis vom gedeckten Weg und anderen Feuerstellungen aus bestrichen werden. Das Glacis hatte bei der Stadtfestung neben der Deckung der Eskarpenmauer die Aufgabe, zusammen mit dem Gedeckten Weg zur Überwachung des unmittelbaren Vorfeldes zu dienen. Frühformen des Glacis zeigen die Festungen Rhódos (124) – durch das landseitig fast überhöhende Gelände in Abschnitten »natürlich vorgegeben« – und St. Peter.

Angriffs- und Verteidigungsmittel beim Kampf um Befestigungen

Im Folgenden wird zusammengefasst, welche Angriffs- und Verteidigungsmittel bei den Kämpfen um Burgen und Befestigungen bzw. Belagerungen im Ordensstaat zum Einsatz kamen.

Zu den Maßnahmen der Angreifer im Vorfeld der Belagerungen gehörte das Ausspähen der Befestigung von Rhódos. Als osmanische Belagerungsanlagen sind Batterien für Geschütze (auch Mörser), Schanzen, Laufgräben, Belagerungsstollen, Minen, eine Schwimmbrücke 1480 sowie bewaffnete Schiffe bezeugt. Zur Vorbereitung von Sturmangriffen gehörten Breschierung durch Artilleriebeschuss oder Unterminierung und Versuche zur Verfüllung des Grabens mit Steinen. Auch gezielter Beschuss von Wohnquartieren in der Stadt Rhódos gehörte zum Konzept der Angreifer.

124. Rhódos, Stadtbefestigung. Blick über das als muslimischer Friedhof genutzte Glacis auf die Stadt, deren Befestigung durch das Glacis weitgehend dem Blick der Angreifer und direktem Beschuss entzogen war (aus: Rottiers 1828).

Spione der Johanniter berichteten aus Istanbul von Rüstungen und Vorbereitungen auf den Feldzug und wohl auf Initiative des Ordens hin kam es dort zu einem Brand. Maßnahmen im Vorfeld der erwarteten Belagerung 1480 waren neben Verstärkungen von Befestigungen die Ernte noch unreifen Getreides sowie Vergiftungen von Brunnen »auf Zeit« durch Einbringung von Pflanzen, die Wasser vorübergehend ungenießbar machen.

Hinzu kamen strukturelle Maßnahmen wie die Verproviantierung von Befestigungen, Evakuierungen kleinerer Burgen und die Bestellung der Besatzung als Verteidiger nach Rhódos und Festlegungen von Fluchtorten für die Bevölkerung im Angriffsfall. Wichtig war die feste Einteilung der Verteidigungsabschnitte auf der Stadtbefestigung von Rhódos nach *nationes* des Ordens seit 1465, die von den *Zungen* des Ordens zu verteidigen, auszubauen, instandzuhalten und zu finanzieren waren.

Zu den Bauten und Anlagen zur Angriffsabwehr gehörten die in Venedig geschmiedete Sperrkette an der Hafenzufahrt von Rhódos (ab 1462 wurde die »Kettensteuer« auf Importe erhoben), Auffangstellungen hinter gefährdeten Mauerabschnitten der Stadt (Mauern; Palisaden), während der Belagerung 1480 zusätzlich angelegte Gräben, Schütten, Palisaden sowie Schanzkörbe anstelle zerstörter Brüstungen der Wehrmauern. Abwehrmaßnahmen während der Belagerungen waren Ausfälle. Waffen zur Verteidigung einer mit Schiffen angegriffenen Hafenstadt waren Brander, brennende Boote, mit denen man gegnerische Schiffe in Brand setzte.

Neben gängigen Fernwaffen kamen verschiedene großkalibrige Feuerwaffen zum Einsatz. Auf zeitgenössischen Illustrationen zu den Belagerungen von Rhódos sind keine Wurfmaschinen dargestellt, doch spricht die Benennung *Trebuc Tower* für den Turm St. Paul der Stadtbefestigung für den Einsatz solcher Waffen zur Verteidigung.

Die Türken verfügten über effektive Geschütze, mit denen sie 1480 und 1522 Teile der Stadtbefestigung massiv beschädigten oder zerstörten. Bemerkenswert ist, dass die osmanische Artillerie bei der Belagerung 1480 Kugeln aus Marmor einsetzte, die aus Ruinen antiker Tempel entnommenen Säulen geschlagen worden waren. Daneben kamen Kugeln aus Kalk zum Einsatz.

Vergleicht man Publikationen zur Belagerung von Rhódos 1480 so fallen Widersprüche, Ungenauigkeiten und Fehler bei den Beschreibungen osmanischer Belagerungswaffen, insbesondere der Hauptbüchsen, auf. Aufzulösen bleiben Widersprüche hinsichtlich Aussagen in der Fachliteratur, die Türken hätten einen Teil ihrer Hauptbüchsen auf Rhódos gegossen,[49] wohingegen der Chronist Caoursin 1480/81 berichtet, die Türken hätten diese Geschütze mitgebracht. Auch in der 1513 bei Martin Flach verlegten, auf Caoursin basierenden *Hystoria von Rhodis* [...] heißt es, 16 »*Hauptstuck von büchßen*« seien mit der »*schiffung*« der Türken nach Rhódos gebracht worden.

Trotz »*heftigen Feuers auch schwerster Kaliber*« wurde Rhódos gehalten, was der Stärke der Befestigung und dem »*wirkungsvollen Einsatz der Festungsgeschütze*«[50] zu verdanken war. D'Aubusson hatte Geschütze gießen lassen: 1480 entstand die bronzene Steinbüchse, die heute im Armeemuseum in Paris (Hôtel des Invalides) steht. Ihre Schildzapfen deuten auf eine weitentwickelte Lafettierung, doch zeigt es mit seinem kurzen, großkalibrigen Flug und der deutlich schmaleren, länglichen Pulverkammer (in fast gleicher Länge wie der Flug) eine technisch überholte Form, denn es war schon in den ersten Jahrzehnten des 15. Jh. erkannt worden, »*daß eine Verlängerung des Fluges sowohl eine bessere Führung der Kugel und damit größere Schußgenauigkeit erlaubte, als auch durch wesentlich längeres Einwirken des Gasdrucks auf die Kugel die Beschleunigung und damit die Schußweite erhöhte.*«[51]

Zwar hatten Belagerungsgeschütze die wichtigste Funktion, doch dienten sie primär dazu, der Infanterie den »*Weg freizuschießen*«, um Angriffe durch Breschen zu ermöglichen: Ein Großteil der Kämpfe wurde als Sturmangriff und, daraus folgend, als Nahkampf ausgetragen. Hierbei kamen Bögen, Armbrüste, (Haken-)Büchsen, Wurfsteine, geschleuderte Brandsätze (»Griechisches Feuer«), aber auch Hieb- und Stich- bzw. Stangenwaffen zum Einsatz.

Es gehört zu den Klischees von mittelalterlichen Burgen, dass diese u.a. mit »*Pech*« und »*siedendem Öl*« verteidigt wurden, das durch »*Pechnasen*« – über Toren und an Türmen angebrachte Wurferker – auf anstürmende Feinde geschüttet wurde. Solche Phantasien des 19. Jh. entstammenden Vorstellungen widerlegte die Burgenforschung längst, doch wurde bei der Verteidigung einer Burg tatsächlich Öl und Pech eingesetzt: Beim türkischen Angriff auf die Ordensburg auf Sými 1457, bei dem die Angreifer Minen anlegten, wehrten sich die Verteidiger mit siedendem Öl (*olio bollente*) und flüssigem Pech (*pece liquefatta*) gegen die durch die Mine angreifenden Soldaten.[52]

Neben Waffen war psychologische Kampfführung ein wichtiges Element bei Belagerungen. Dazu gehörte auf beiden Seiten, Köpfe getöteter Feinde auf Lanzen oder Stangen zu präsentieren. Angreifer schossen an Pfeilen befestigte Briefe in die belagerte Stadt, in denen Plünderung, Mord, Vergewaltigung etc. angedroht wurden, sollte die Stadt nicht übergeben werden. Die Verwüstung des Hinterlandes durch die Türken gehörte teils in den Kontext psychologischer Kriegsführung.

Bezogen auf die schließlich erfolgreiche Verteidigung der Stadt Rhódos 1480 resümiert Ernle Bradford: »*Bei Kämpfen dieser Art sind fast immer die Verteidiger überlegen. Sie haben den eigenen Untergang vor Augen, wissen, daß nur Elend und Tod sie erwarten, und kämpfen mit dem Mut der Verzweiflung.*« Zudem hatten die Johanniter »*die besten Ärzte und die besten medizinischen Mittel Europas. Sie besaßen hygienische Kenntnisse und zureichende hygienische Einrichtungen und verfügten über reines Trinkwasser.*« Damit waren sie »*jedem Feind überlegen, der unter unhygienischen Verhältnissen im Zeltlager kampierte und nur die elementarste ärztliche Versorgung hatte. Ein Heer im Felde erlitt [...] fast immer mehr Verluste durch Krankheiten als durch den eigentlichen Kampf.«*[53]

Religiös-magische Formen von Verteidigung und Abwehr

Die Betrachtung des Themas »Verteidigungsmittel« wäre unvollständig ohne einen Blick auf die Formen mittelalterlicher Abwehrmaßnahmen, die Werner Meyer unter »*religiös-magisches Denken und Verhalten*« abhandelte,[54] zumal die Johanniter als geistlicher Ritterorden solchem Verhalten vielleicht mehr zuneigten, als weltliche Kämpfer.

Mehrere Wehrbauten des Ordens trugen Heiligennamen, u.a. das Kástro St. Stefan/TIL, das Kástro tís Panajías/LER und der Brückenkopf St. Peter. Die Gefährdung des letzteren war den Johannitern bewusst, das belegt die Inschrift über dem inneren Burgtor, ein Zitat eines Psalms: »*Nisi dominus custodierit civitatem, frustra vigilat qui custodit eam*« (»Wenn der Herr die Stadt nicht beschützen wird, so wacht vergebens, wer sie bewacht«).

Im Spätmittelalter und in der Frühen Neuzeit war es üblich, Toren, Türmen und Bastionen Heiligennamen zu geben, womit der Schutz des Patrons für das Bauwerk beschworen wurde, so auch an Außen- und Vorwerken der Stadt Rhódos. Den auf der Mole des Handelshafens von Rhódos unter Meister de Naillac (1396–1421) erbauten Naillac-Turm nannte Konrad Grünemberg »*sant andres turn*«. Nach der mamlukischen Belagerung 1444 wurden die Häfen von Rhódos durch die Vorwerke St. Elmo,[55] St. Nikolaus und St. Michael (Konrad Grünemberg benennt es 1486 in der Zeichnung der Stadt »*sant kattrin turn*«[56]) gesichert. St. Nikolaus (griech. Ájios Nikólaos), Schutzpatron des Mandráki-Hafens und des seine Zufahrt sichernden Turmes, ist Schutzpatron mehrerer Länder und Berufe (u.a. Kaufleute). Christliche Seeleute riefen ihn in Seenot an.

Die Wahl dieses Patrons für den Turm St. Angelo am Hafen war naheliegend, ähnlich wie die des Patrons des Turmes auf der Mühlenmole: Der oft als Bezwinger Satans dargestellte Erzengel Michael, der »*Fürst der himmlischen Heerscharen*«, war ein Patron der Soldaten. Als »*himmlischer Streiter*« soll er nach Legenden in Schlachten eingegriffen haben. Neben dem Hl. Georg wurde Michael im Spätmittelalter ein Patron des Rittertums. Ihn wählte der 1469 in Frankreich gegründete Ritterorden *Ordre de Saint-Michel* zum Patron. In der christlichen Tradition war Michael Hüter/Wächter des Paradiestores und »*Seelenwäger*«. Insbesondere seine Rolle als Torwächter und »*Hüter des Zugangs zum Paradies*« der Christen machten ihn zum idealen Patron für die Befestigung, die den Zugang zum wichtigsten Hafen der Johanniter »*bewachte*«.

Nach der Umsiedlung nach Malta 1530 übertrug der Orden das religiöse Schutzsystem des Mandráki-Hafens auf den dortigen *Grand Harbour*: Die Burg an der Buchtspitze der Hafenstadt Birgu heißt St. Angelo, das Fort am Rande der ihr benachbarten, vom Orden gegründeten Stadt Senglea St. Michael und das Fort an der Hauptzufahrt zum Großen Hafen St. Elmo. Der unvollendete Hafen der ab 1566 vom Orden erbauten Hauptstadt Maltas, Valletta, sollte *Manderaggio* heißen – eine italienisierte Form von Mandráki.

Mehrere Stadttore von Rhódos waren Heiligen geweiht: St. Katharina, St. Anton, St. Georg, Ájios Athanásios und St. Nikolaus. Der Torturm St. Georg trägt feldseitig eine Reliefdarstellung des Heiligen, und über der Tordurchfahrt des zum Hafen gerichteten Thalassini-Tores findet sich ein Relief der von St. Johannes d.T. und dem Apostel Petrus flankierten Madonna (109). Das St.-Antonius-Tor vermittelte den Zugang zum Hinterland und zum Hafen. Feldseitig über dem Tor sitzt ein Relief des Hl. Antonius.

Bemerkenswert für unser Thema ist ein während der Belagerung 1480 angeblich mit Hilfe mehrerer Heiliger abgeschlagener Sturmangriff: Nachdem türkische Soldaten einige Punkte der Stadtbefestigung besetzt hatten, kam es plötzlich zu einer Massenpanik und -flucht der Angreifer, nachdem diese in der »*lufft*« ein goldenes »*creütz schweben*« sahen, und daneben »*ein klare schene junckfraw*« mit Schild und Speer sowie einen Mann »*mit einem schlechten gewandt [der Hl. Johannes d.T.]*« und mit diesem eine »*grosse schar*« Heiliger, die den Verteidigern »*zu hilff*« kamen.[57] Die »*himmlische*

125. Kós (Kós), Burg Narangía. Antiker Maskenfries über dem Haupttor des äußeren Berings, bez. 1510 (© ML).

Erscheinung« vertrieb die Türken. Caoursin glaubte an die Hilfe der Madonna und des Ordensheiligen Johannes, Wissenschaftler vermuteten, Banner des Ordens mit Darstellungen der Heiligen hätten die Massenpanik ausgelöst. Neben dem Katharinen-Tor der Stadtbefestigung erinnert die Ruine der nach der Abwehr der türkischen Belagerung erbauten Kirche *Notredame de la Victoire* an das »Erscheinen« der »Muttergottes« Maria.

Sonstige apotropäische Elemente
Auffällig sind an der Stadtbefestigung von Rhódos feldseitig in Mauern eingelassene Kanonenkugeln, ein auch von anderen Wehrbauten in Europa bekanntes Motiv. In Türme und Wehrmauern eingemauerte und so Besuchern und Angreifern präsentierte Kugeln gehören in den Kontext apotropäischer Elemente. Sie suggerierten, sie seien in der beschossenen Mauer »steckengeblieben«, standen für die »Uneinnehmbarkeit« der Befestigung und sollten das Versagen der Angreifer augenfällig demonstrieren. Sie hatten zudem beschwörende Funktion,[58] ebenso wie der »*Drachenkopf über dem Stadttor*«: Der junge Ordensritter und spätere Großmeister Dieudonné de Gozon (reg. 1346–53) galt als Held und »Drachentöter« (»*extinctor draconis*«) einer Sage, nach der ein Drache nahe der Stadt Rhódos lebte und Vieh der Bauern riss. De Gozon suchte und tötete ihn und brachte den Drachenkopf in die Stadt, wo er über dem Hafentor der Stadtbefestigung angebracht wurde. Reisende wollen ihn noch im 17. Jh. gesehen haben.[59] Vielleicht war es ein Krokodilkopf. Der Drachentöter evozierte im christlichen Mittelalter den »Ritterheiligen« St. Georg sowie den Erzengel Michael als Torwächter und stand für Stärke und Furchtlosigkeit der Ordensritter.

Wohn- und Repräsentationsbauten

Die meisten Ordensburgen und -befestigungen auf den Dodekanes sind Ruinen, sodass Außen- und Innengestaltungen, insbesondere die der Wohn- und

Repräsentationsbauten, nur rudimentär bekannt sind. Repräsentativ gestaltet waren an größeren Befestigungen neben Wohn- und Torbauten teils einzelne Türme, Rondelle etc., in seltenen Fällen auch die Ringmauer bzw. Wehrmauern.

Mauern waren meist aus lokalem Gestein in Zweischalentechnik aufgeführt, einzelne jedoch großenteils aus Material antiker Gebäude errichtet. Für den Bau der Festung St. Peter wurde eines der Sieben Weltwunder der Antike, das Mausoleum von Halikarnassos, abgetragen und zum Bau der Burg Narangía/KOS die Ruinen des antiken Asklepios-Heiligtums ausgeschlachtet. Beide zeigen in Wohnbauten, Türmen und Wehrmauern repräsentativ eingesetzte figürliche Spolien. Das Haupttor des äußeren Berings der Burg Narangía ziert ein antiker Masken-und-Girlanden-Fries (125) und der Löwenturm am inneren Bering (126) hat ein Vorbild im Löwenturm neben dem Tor zur Kernburg des Krak des Chevaliers/Syrien, den die Johanniter um 1250 erbauten.

Zu den gezielt eingesetzten antiken Spolien gehören, wie schon an Kreuzfahrerburgen im »Heiligen Land« (dekorativ) und an byzantinischen Wehrbauten (konstruktiv), antike Säulentrommeln. Sie finden sich an der Festung St. Peter, in Kurtinen des äußeren Berings der Burg Narangía und am Hauptturm der Burg Filérimos.

Durch die Verwendung antiker Quader, meist hellenistisch-isodomem Mauerwerk entnommen, ergibt sich mancherorts der Eindruck von Buckelquadermauern (96–104). »Echte« Buckelquader gibt es als Eckquader an Bastionsspitzen der Ordensburg auf Léros (um 1500). An Gebäudeecken (u.a. Chóra/KAL) sitzen vereinzelt Quader mit kleinen, halbkugelförmigen »Buckeln«, die Vorbilder in der italie-

126. Kós (Kós), Burg Narangía. Löwenturm mit antiken Marmorlöwen am inneren Bering (© ML).

nischen Frührenaissance hatten. Manche »Buckel« sind jedoch Reste der Versatzbossen antiker Quader (z. B. Kastélas).

Steinmetzzeichen konnten nur an der Burg in Kós – dort über 20 verschiedene – belegt werden. Sie wurden als antik bezeichnet, da es sich um wiederverwendetes Baumaterial aus u. a. dem antiken Heiligtum Asklépion handelt, doch sind denen in Kós ähnliche Zeichen (Δ) auch von Kreuzfahrerburgen bekannt.

Zum plastischen »Bauschmuck« gehörten Wappentafeln, oft aus Marmor und mit Skulpturen kombiniert (Engel als Wappenhalter; Heilige). Manche waren farbig gefasst.

Über Putz und Farbe gibt es wenig Erkenntnisse. Die meisten Befestigungen waren wohl steinsichtig. Einzelne, darunter übernommene byzantinische auf Tílos (Agriosykiá; Mesariá), erhielten bei Umgestaltungen (um 1500?) anscheinend grobe Putze. An manchen Wehrbauten waren die Mörtellagen so stark, dass die einzelnen Steinschichten nicht immer erkennbar sind; es ergibt sich dadurch teils der Eindruck eines Verputzes. Verputzt war der Wachtturm *Pýrgos* an der Westküste von Rhódos. Flächendeckende Putze sind nicht erhalten.

Hölzerne Auf- und Anbauten sind nicht bekannt. Bei der Holzarmut der im Spätmittelalter bereits weitgehend abgeholzten Inseln dürften lediglich Decken bzw. Fußböden sowie einzelne Wehrgangkonstruktionen aus Holz bestanden haben.

Wohnbauten

Die meisten Burgen sind so stark zerstört oder überbaut, dass sich zu deren Wohnbauten am Bestand nur noch wenige Beobachtungen machen lassen, doch es gibt Schrift- und Bildquellen des 19. Jh. Demnach waren die gotischen Wohnbauten der Großmeisterburg sowie jene der Burgen Líndos und *Villanova*/Paradísi aufwendiger gestaltet als die der übrigen.

Zwar ist der Begriff »Palas« für Wohnbauten einzelner Ordensburgen (z. B. Filérimos) in der Literatur verwendet worden, doch gab es diesen mitteleuropäischen Bautypus als Kombination aus Wohn- und Saalbau im Ordensstaat nicht, da kleine Garnisonsburgen keine Säle benötigten. In ihnen gab es meist eingeschossige Wohnbauten mit Flachdach über einem Tonnengewölbe (Apólona; Monólithos).

Mehrere kombinierte Wehr- und Wohntürme blieben in der ab A. des 15. Jh. vom Orden erbauten Burg St. Peter erhalten. Der älteste ist der unter Meister de Naillac begonnene quadratische Turm von Frankreich. Wahrscheinlich um 1431 begann der Bau des Turmes von Italien westlich des Turmes von Frankreich. Der die Südecke des äußeren Berings besetzende, über eine Zugbrücke zugängliche Turm von England entstand in der 1. H. des 15. Jh. Er enthält den kreuzrippengewölbten Konventssaal mit Sitzbänken in den Fensternischen, in denen die zahlreichen Inschriften Beachtung verdienen, die Besucher in die Wände ritzten.

Vereinzelt gab es Wohntürme als Hauptwohngebäude des Kommandanten, wie in den Burgen Kolossi/Zypern und Lárdos. Ein stark ruinöser, rechteckiger Wohnturm steht an höchster Stelle der Burg Kastélas. Zeichnungen Hedenborgs zeigen nichterhaltene Türme, so an den Burgen Apólona (rechteckig) und Kattaviá (rund).

Der kleine, der Ringmauer innen nachträglich angefügte Turm mit gerundeten Ecken in der Burg Asklipió wurde als »Bergfried« bezeichnet. Zwar gab es Bergfriede wie an Burgen in Mitteleuropa nicht im Ordensstaat, doch für einen Wohnturm ist dieser Turm zu klein, der somit als Wachtturm und/oder Symbolbau zu werten ist (127).

Neben dem Mauerwerk prägten vereinzelt repräsentativ gestaltete Fenster und Türen die Wohnbauten. Aufwendige Gestaltungen wie in der Stadt Rhódos (z. B. Maßwerk- und Kreuzstockfenster an den Herbergen und Palästen) gab es an Burgen nur vereinzelt, etwa an der Burg *Villanova*/Paradísi, wie Zeichnungen des 19. Jh. zeigen. Schlichte gotische Maßwerk- und Stockfenster hat der Wohnbau des Kástro Líndos (131, 117). In den Turmhäusern in Triánda gibt es u. a. kleine Rechteckfenster mit profilierten Rahmungen.

Singulär ist das große Fenster im OG des Turmhauses Panajía/KOS mit gefaster Quaderrahmung und doppeltem Sturz aus frühchristlichen oder antiken Spolien.

Innengestaltungen und Ausstattungen

Nur wenige Reste originaler Innenausstattungen blieben in Ordensburgen erhalten, und historische Beschreibungen liegen nur sehr vereinzelt vor; sie beziehen sich v.a. auf die Großmeisterburg, die wichtigste Burg und Residenz des Ordensstaates. Bildquellen des 16. Jh. zeigen Szenen aus dieser Burg, die nicht als reale Abbildungen gelten dürfen.

Reisende des 19. Jh. hinterließen zu einigen Burgen knappe Charakterisierungen von Innenräumen sowie Zeichnungen heute nicht mehr erhaltener Zustände. Aus dem »*Ritterschloss* Líndos, *dessen Inneres zum Theil noch erhalten ist*« – gemeint ist der spätgotische Wohnbau –, berichtete Albert Berg 1862: »*Verwischte Fresken schmücken die Wände, darunter einige schön gezeichnete Guirlanden und Spuren landschaftlicher Darstellungen: auf einer der Wände fruchtbeladene Orangenbäume in steifer Ausführung.*« Es bleibt offen, was davon aus osmanischer Zeit stammte. »*In dem Zimmer über dem Eingangsthore ist der Kamin noch erhalten, darüber sind die französischen Lilien angebracht. Die Räume sind gewölbt, aber alles ist voll Schutt und Trümmer; mit Mühe bahnt man sich den Weg durch die Zimmer.*«[60]

Zeichnungen und Druckgraphiken des 19. Jh. zeigen inzwischen verschwundene Burgruinen, von denen Reisende jener Zeit knappe Beschreibungen hinterließen. Auf einer Zeichnung (Hedenborg 1854) der mindestens zweigeschossigen Burg *Villanova* sind im 1. OG ruinöse Räume mit Wanddiensten gotischer Rippengewölbe zu sehen. Die Burg war als Sommersitz des Meisters de Villeneuve (1319–46) architektonisch und künstlerisch aufwendiger gestaltet als andere.

127. Asklipió (Rhódos), Burg. Rekonstruktion (Spiteri 1994).

128–129. Filérimos (Rhódos). Kapelle Ájios Jeórjios Chostós in der befestigten Stadt. Inneres mit Fresken der Johanniterzeit, darauf Darstellungen von Rittern als Stiftern; oben Darstellung aus Rottiers 1828; unten ein Ordensritter (© ML für 129).

130. Rhódos, Fenster in der Herberge von Frankreich (© ML).

131. Líndos (Rhódos), Kástro. Maßwerkfenster im Wohnbau (© ML).

132. Kós (Kós), Burg Narangía. Torwegüberdeckung mit antiken Säulen (© ML).

133. Kós (Kós), Burg Narangía. Abortsitz aus einem antiken Marmorwerkstück an der Ringmauer (© ML).

Als originelle Decke, wenn auch aus der Not der zügigen Fertigstellung der Wehranlagen geboren, ist die aus antiken Säulen bestehende Überdeckung eines Torweges der Burg Narangía/KOS zu erwähnen (132).

Bei den überwiegend eingeschossigen Wohnbauten vieler Befestigungen waren keine Treppen zur Innenerschließung notwendig. Eine Treppe in der Mauerstärke ist in geringen Resten in der Wohnturmruine der Burg Kastélas erkennbar.

Aufwendige Kamine gab es nur in bedeutenden Ordensbauten der Stadt Rhódos – in der Großmeisterburg, den Herbergen und Palästen – sowie in einzelnen Wohnbauten größerer Burgen und Befestigungen (Lindos). Auffällig sind hohe, schmale Kaminmäntel. Ausbrüche im Wohnturm von Kastélas und im Wohnbau von Monólithos zeigen, wo Kamine saßen, deren Mäntel Steinraub zum Opfer fielen.

Aborterker sind an der Festung Rhódos und an Wehrmauern einiger Burgen erhalten (Monólithos; Siána; Télendos). In der Burg Narangía/KOS wurde ein Abortsitz am Wehrgang aus einem antiken Marmorwerkstück gearbeitet (133).

Burgkapellen und Kirchen

Zwar waren die Johanniter ein geistlicher Ritterorden, doch gab es auch im ägäischen Ordensstaat allem Anschein nach nicht in jeder Burg eine Kapelle. In größeren Kástra mit Zivilsiedlungen sind hingegen teils mehrere Kapellen und Kirchen nachzuweisen. Im *Kástro* genannten Hauptort Chóra der Insel Kálymnos blieben mehrere spätmittelalter-

134. Festung St. Peter (Türkei), ehem. Kapelle (© ML).

135. Burg Kastélas (Rhódos), Kapelle (© Dr. Olaf Kaiser).

liche orthodoxe Kirchen (15./16. Jh.) erhalten. Die meisten sind – wie die erhaltenen Burgkapellen – schlichte Saalbauten mit eingezogener Apsis. Fast alle zeigen in der äußeren Gestaltung antike oder frühchristliche Spolien und im Inneren durch europäische Gotik beeinflusste Fresken. Bedeutende, westlich geprägte Fresken weist die kleine Kirche Áj. Jeorjíos Chostós in der befestigten Siedlung auf dem Filérimos auf; dargestellt sind u. a. Ordensritter als Stifter.

Zwei einschiffige gotische Kirchen stehen im Kástro Andimachía/KOS, eine vergleichbare Kirche ist die später zur Moschee umgebaute der Festung St. Peter (134). Typisch für diese Saalkirchen sind Spitztonnen über Gurtbögen auf Wandvorlagen (u. a. Kástro stó Stávro/NIS).

Vorbilder in Kreuzfahrerburgen haben turmartige Kapellenbauten mit Flachdach als Wehrplattform und Schießscharten, deren Kirchenräume dem beschriebenen Typus entsprechen (Kastélas, 135; Asklipió, 127).

Die Ordensburg Monólithos auf Rhódos wird *Kástro ó Ájios Panteleímonos* (Burg des hl. Panteleimon) genannt. Namensgebend ist die kleine, tonnengewölbte Saalkirche im Inneren der Burg, in der Berg (1862) ein Wappen des Großmeisters d'Aubusson sah.

In der Burg Parlettía/NIS sind Fundamentreste einer einschiffigen Kapelle erhalten. Ob die Kapelle der Burg Archángelos zum Ursprungsbestand gehört, ist unbekannt.

Vorburgen

Das Prinzip der Aufteilung von Burgen in Hauptburg (mit den wichtigsten Bauten, u.a. Wohngebäude des Burgherrn) und Vorburg (mit Wirtschafts- und untergeordneten Wohnbauten) gab es im Ordensstaat nur ausnahmsweise, wobei Vorburgen hier andere Funktionen hatten. Als eine Art Vorburg (mit den Herbergen der Zungen statt der Burgmannensitze) kann das der Großmeisterburg in Rhódos vorgelagerte *collachium*, die mit einer separaten Wehrmauer gesicherte »Ritterstadt«, interpretiert werden.

Die Struktur der meisten Ordensburgen mit ihren kleinen Garnisonen bedurfte keiner Vorburgen; Wohn-, Wirtschafts- und Vorratsbauten konnten innerhalb eines einzigen Berings angeordnet sein.

Zu den Burgen mit einer Vorburg gehört die Burg Kastélas, die als Sitz einer *castellania* im Angriffsfall Einwohner umliegender Ortschaften beherbergte. Hierzu wurde die vorburgartige Unterburg angelegt. In anderen Burgen boten die äußeren Beringe Raum für schutzsuchende Zivilisten (Apolakía; Ordensburg auf Léros). Andere wiesen lediglich einen Bering auf (Archángelos; Lárdos; Monólithos).

Wasserversorgung[61]

Heute sind viele Ägäis-Inseln ohne genügend Trink- und Brauchwasser. Dies war nicht immer so, waren doch manche Inseln wie Chálki in der Antike sehr fruchtbar und dicht besiedelt.

136. Palaiókastro (Kastellórizo), Rundzisterne mit Treppe (© ML).

Da Schriftquellen zur Wasserversorgung der Ordensbefestigungen nicht bekannt sind, gilt es, aus Baubefunden und Relikten des infrastrukturellen Umfeldes Erkenntnisse zu gewinnen. Offenbar alle verfügten über Tankzisternen. Dies gilt auch für Wachttürme und Turmhäuser sowie für Wohnhäuser innerhalb der Schutz-/Wehrdörfer, deren Zisternen Wasserzuleitungen von den Flachdächern speisten. Innerhalb größerer Wehrbauten waren Tankzisternen in den Fels geteuft und überwölbt. Die Wasserzuleitung erfolgte durch Zuläufe für Regenwasser im Hof und von Dächern. Zusätzlich konnte von außen herbeigebrachtes Wasser eingefüllt werden, das von (im späten Frühjahr meist austrocknenden) Bächen oder von Quellen stammte.

Größen und Formen der Tankzisternen variieren: In einigen vom Orden ausgebauten größeren antiken Wehrbauten gibt es große runde oder eckige Schächte im Kalk, die durch eine aus dem Fels geschlagene umlaufende Treppe zugänglich waren, wie zwei Zisternen im Palaiókastro/MEG (im Kern 7. Jh. v. Chr.). Das Kástro mit umfänglichen hellenistischen Bauteilen (4. Jh. v. Chr.) war Rückzugsort der Inselbevölkerung. Seine zwei großen (antiken?) Tankzisternen (136) wurden im Mittelalter überbaut. Um Verdunstung vorzubeugen und Verschmutzung zu vermeiden, waren vermutlich alle Zisternen überwölbt bzw. geschlossen. Größere Zisternen konnten zweischiffig sein (Piliókastro), kleinere waren teils nur durch Ausmauerung und/oder Putz abgedichtete Felsspalten.

Bei kleineren Burgen war die Zisterne in den Wohnbau integriert, wie im Kástro auf Alimía, dessen komplettes UG eine tonnengewölbte Tankzisterne einnahm (vgl. Ámartou). Das Kástro ging aus einem Wachtturm (nach 1366) hervor, den ein Lehnsmann des Ordens zu errichten hatte – explizit mit einer Zisterne.

In der Ostmauer des großen Wachtturmes Pýrgos/RHO ist eine Leitung aus Tonröhren erhalten, durch die Wasser vom Dach in die Zisterne neben (!) dem Turm geleitet wurde.

Ausnahmsweise finden sich Quellen innerhalb einer Befestigung, wie in der »Klosterburg« Kýra Psilí/KAL, die vor einer Höhle am Hang eines Kalkberges steht. In der Höhle entspringt eine Quelle. Auf Léros gibt es elf Quellen am *Merovígli*, auf dem die Ordensburg steht.

Burgnamen

Zwar werden die meisten Ordensburgen heute von der ansässigen Bevölkerung generell als *Kástro* bezeichnet, doch sind in spätmittelalterlichen Quellen einzelne Burgnamen genannt. Oft trugen Burgen Heiligennamen, wie *sant Peters geschlos* in Bodrum, die Hafenburg St. Peter in Smyrna und die Burgen/Türme St. Nikolaus (*sand Niclas*) und St. Michael/Sant'Angelo in Rhódos. Bei mehreren Objekten bleibt offen, ob der Heiligenname – was bei einem geistlichen Ritterorden wie den Johannitern naheläge – original ist, so beim Kástro tís Panajías (Burg der Muttergottes)/LER und der Burg San Stefano/TIL.

Vermutlich nachmittelalterlich ist der lokale Name *Kástro Ájiou Panteleímonou* (Burg des Hl. Panteleimon) für die Burg Monólithos, die in der deutschen Ausgabe der Chronik Caoursins (1480/81, 297r) *Moneleti* genannt wird. Der Name Monólithos (»einzelner Stein«) bezieht sich auf die spektakulare Lage der Burg. Ein weiterer Name dieser Burg ist *Frourió* (altgriech. Burg, Befestigung), was auf einen byzantinischen Vorgängerbau unter dem Kommando eines Frouarchen verweist.

Einzelne Burgen wurden nach den Orten benannt, neben denen sie entstanden, wie die Burg »Lindi« nach der antiken Stadt Líndos, deren Akropolis zur Ordensburg ausgebaut wurde, oder das »geschlos Langon« nach dem für die Insel Kós gebräuchlichen Namen »Lango«.

Das vermutlich wegen des orange-rötlichen Schimmers des lokalen Kalksteins sog. *Castello Rosso* gab der Insel Megísti den heute gebräuchlichen Namen Kastellórizo.

Zusammenfassung

Thomas Biller beschloss seine Überblicksdarstellung zu den Templerburgen – den Burgen des neben Johannitern und Deutschem Orden wichtigsten geistlichen Ritterordens – mit einem Kapitel, dem er die Überschrift »Gab es einen Typus der Templerburg?« gab.[62] Er beantwortete diese Frage negativ. Meine Analyse der Burgen und Befestigungen im ägäischen Ordensstaat der Johanniter (1307–1522) erbrachte ein ähnliches Ergebnis: Einen ausgeprägten Typus *der* ägäischen Johanniter-Burg gab es nicht. Die meisten Burgen und Befestigungen der Johanniter auf den Dodekanes lassen sich dem Orden nur aufgrund ihrer »Johanniter-Zinnen« zuordnen, die somit als architektur-ikonologisches Element zu verstehen sind.

Biller schreibt in seinem Resümee, der einzige Ritterorden, der einen »*charakteristischen Burgentypus hervorgebracht*« habe, sei der Deutsche Orden gewesen, nachdem er im Ostseegebiet »*ein geschlossenes Staatsgebiet errungen und auf Dauer gesichert hatte*«. Dabei hätte »*die Ordensstruktur allein noch keine hinreichenden Voraussetzungen für die Entstehung einheitlicher und spezifischer Architekturformen*« geboten. »*Hinzukommen musste offensichtlich ein großes Herrschaftsgebiet mit gut funktionierender Verwaltung – erst dann konnte allem Anschein nach die Idee ins Blickfeld der Entscheidungsträger rücken, als eine Art Markenzeichen einen qualitätvollen Burgentypus zu entwickeln, der sowohl die Struktur des Ordens als auch die Stärke und Solidität seiner Herrschaft zum Ausdruck bringt.*« Da die Templer zwar gleichfalls »*ein Ritterorden mit hierarchischer Struktur*« waren, sie aber nicht über ein »*geschlossenes und gesichertes Territorium*« verfügten und zudem »*einem hohen und [...] beständig zunehmenden militärischen Druck ausgesetzt*« waren, hätten sie »*starke Burgen*« gebaut, »*die das Überleben sichern können, unter Heranziehung aller Formen und Mittel, die effektiv erscheinen – die Entwicklung eines Burgentypus von symbolhaft wirkender, an den Orden gebundener Ästhetik war in dieser Lage ganz offensichtlich ohne Bedeutung.*«[63]

Auch die finanziellen Bedingungen des Johanniter-Ordens und die langen Phasen akuter Bedrohung durch feindliche Mächte – anfangs durch benachbarte türkische Emirate (Aydın, Menteşe), ab dem 15. Jh. durch die ägyptischen Mamluken sowie das stark expandierende Osmanische Reich nebst einzelnen, teils türkischen Sultanen unterstützte Korsaren – erlaubten keine kostspieligen, zeitaufwendigen »Typenbauten« bei der herrschaftlichen Durchdringung und Sicherung des Ordensstaates, dessen Gebiet sich über viele Inseln und einzelne Brückenköpfe an der Küste Kleinasiens erstreckte. Hinzu kam Streubesitz weit entfernt von Rhódos.

Die Johanniter übernahmen zu Beginn ihrer Herrschaft außer der um 1275 neubefestigten Stadt Rhódos eine unbekannte Anzahl älterer Burgen und Befestigungen der Byzantiner, die teils aus antiken Befestigungen hervorgegangen waren, von denen vielfach größere Teile bis zum Ende der Ordensherrschaft erhalten blieben und genutzt wurden, wie an der Ordensburg auf Sými (Teile des Berings), am Kástro San Stefano auf Tílos, am Kástro auf Alimía oder am *Palaiókastro* auf Kastellórizo. Auch antike Bauwerke, die nicht als Wehrbauten errichtet worden waren, konnten solche werden, wie das runde Grabmal des Kleóboulos auf dem Kap im Norden der nördlichen Hafenbucht von Líndos, das der Orden zum Wachtturm umbaute.

Als Neubauten, manche anstelle älterer Befestigungen, erbauten die Johanniter einzelne Kastellburgen (Großmeisterburg Rhódos; Sálakos; Narangía/KOS) bzw. durch den Kastelltyp beinflusste Burgen (Apolakía). Mehrere Neubauten waren Vierflügelanlagen, manche ohne Flankierungstürme, andere mit einem einzelnen Turm als Wohnbau des *capitaneus* (Apólona; Kattaviá?).

Bauschmuck war, der Funktion der meisten Objekte als Garnisonsburgen entsprechend, selten, sieht man von den teils in profilierten Rahmungen sitzenden marmornen Wappensteinen und Spolien ab. Innengestaltungen und -ausstattungen waren nur ausnahmsweise aufwendig. Prächtig ausgestattet war die Großmeisterburg, architektonisch (gotische Rippengewölbe über Wanddiensten) und künstlerisch aufwendiger gestaltet die Burg *Villa-*

nova als Sommersitz des Meisters de Villeneuve (1319–46). Im Kástro Líndos, Sitz einer wichtigen *castellania*, blieb der spätgotische Wohnbau neben dem Hauptportal erhalten, der mit Gewölben und Wandmalereien aufwendiger ausgestattet war als kleinere *castellania*-Sitze wie Monólithos mit dem schlichten, tonnengewölbten Hauptgebäude.

Noch 1845 schwärmte Ludwig Ross: »*Vielleicht haben wenige Länder in Europa, selbst Italien und Spanien nicht ausgenommen, so viele schöne und malerische Ruinen von Ritterburgen in dem edlen Style des fünfzehnten Jahrhunderts aufzuweisen als Rhódos.*« Dieser Eindruck, den auch andere Reisende des 19. Jh. vermitteln, lässt sich heute nur noch punktuell nachvollziehen, da seither zahlreiche Burgen Steinraub zum Opfer fielen.

Zu den markanten Elementen der spätgotischen Wehrbauten des Ordens gehören ansteigende Wehrgangsbrüstungen (u. a. Festung Rhódos, solche sind auch von Befestigungen der Grafen v. Katzenelnbogen in Deutschland bekannt), mehrfach abgestufte Baukörper (Kastélas: Kapellenturm; Kritikoú: Wachtturm; Festung Rhódos: einzelne Außenwerke) und steinerne Fahnenhalter (58f) an Fassaden.

Die immer wieder konstatierten »Einflüsse aus dem ›Heiligen Land‹« auf den Burgen- und Befestigungsbau im Ordensstaat lassen sich nur vereinzelt bestätigen. Bauelemente wie der Talus und Wehrelemente wie in Torwege gerichtete Schießscharten oder geknickte Torwege müssen für das 15./16. Jh. nicht mehr per se aus dem Burgenbau im »Heiligen Land« abgeleitet werden, und auch dortige Ringhallenburgen waren nicht die unmittelbaren Vorbilder für die von tonnengewölbten Flügeln umgebenen Rechteckburgen, ebenso wenig wie Burgen mit einem dominierenden Donjon und konzentrisch angelegtem Bering für die Burg Apolakía. Erinnerungen an Befestigungen der Kreuzfahrer sind jedoch in Einzelfällen festzustellen, etwa am Löwenturm der Burg Narangía/KOS, der an den 1250 von den Johannitern erbauten Löwenturm des Krak des Chevaliers/Syrien erinnert.

Byzantinische Einflüsse finden sich in Formen der Ringmauerführungen mit Flankierungen und in Mauerwerkstechniken. Französische und iberische Einflüsse (*Albarrana*-Türme) erklären sich durch die Herkunft vieler Ordensmitglieder. Umgekehrt lassen sich Beeinflussungen mitteleuropäischer Wehrbauten seit der Zeit um etwa 1500 durch im Ordensstaat gefundene Innovationen nachvollziehen, die wahrscheinlich über Ordensmitglieder, Reisende und (adelige) Pilger vermittelt wurden.

Dies leitet über zu einem der wichtigsten Aspekte des Befestigungsbaues der Johanniter: den Anfängen des Festungsbaues im Ordensstaat. Hier lassen sich zahlreiche Entwicklungslinien von mittelalterlichen Burgen/Befestigungen zu frühneuzeitlichen Festungen erkennen. Von dort gingen Impulse für die Wehrbauentwicklung in Teilen Europas aus. Die in der Konfrontation mit der osmanischen Artillerie von Baumeistern und Ingenieuren des Ordens gefundenen Lösungen für Defensivbauten und -elemente gab es bald schon anderenorts, auch in Deutschland. Viele Wehrbauten des Ordens sind daher für die Burgen- und Festungsforschung von großem Interesse.

In populärwissenschaftlicher Literatur findet sich häufig die synonyme Verwendung der Begriffe »Burg« und »Festung«, doch die heutige Festungsforschung definiert ihren Forschungsgegenstand eindeutig. Unter Festungen versteht sie Wehrbauten bzw. Verteidigungsanlagen, mit denen baulich auf den Einsatz schwerer Feuerwaffen reagiert wurde, die in Europa etwa seit der 1. H. des 15. Jh. zum Einsatz kamen. Festungen im weitesten Sinne waren oder sind Anlagen zur Verteidigung gegen Feuerwaffen mit Feuerwaffen. Knapp, aber umfassend ist die Definition von Elmar Brohl: »*Eine Festung stellt eine örtliche Gesamtheit von Verteidigungsanlagen und verteidigten Anlagen dar; ihre Befestigung ist gegen Feuerwaffen widerstandsfähig, zu selbständiger Kampfführung mit Feuerwaffen ausgerüstet, auf Dauer geplant und mit einem dem Gelände und dem jeweiligen Stand der Waffentechnik angepaßten System von Verteidigungsanlagen und Annäherungshindernissen versehen.*«[64]

Eine Festung konnte also gegen einen mit allen gängigen Angriffsmitteln ausgestatteten, zahlenmäßig überlegenen Gegner nachhaltig verteidigt

ZUSAMMENFASSUNG

137. Kós (Kós), Burg Narangía. Vollholzradlafette eines Geschützes (© ML).

werden, so wie die Stadt Rhódos 1480 und 1522. Technisch und baulich angepasste Burgen und Befestigungen wurden im Sinne dieser Definition zu Festungen. Im Ordensstaat sind dies, neben der Festungsstadt Rhódos mit ihren Forts Kástro über Palió Chorió/CHA, Palaiókastro über Miliopó/IKA, Kástro über Chóra/KAL, Castello Rosso mit dem Fort Konáki/MEG, die Burg Narangiá (mit *burgus*) und das Kástro Antimácheia auf Kós, das Kástro tís Panajías mit dem Fort Proúzi/LER, das Kástro von Chóra/SYM und St. Peter/Türkei.

Bemerkenswert ist die Ordensburg auf Chálki, deren Bering mit vier flankierenden, sehr unterschiedlichen vier- und fünfeckigen Artilleriewerken besetzt ist, eines davon ein äußerer, zwingerartiger Torbau mit Geschützkammern, ein anderes ein viereckiger Geschützturm zur Talseite. Sie gehört im letzten Ausbauzustand zu den frühesten Festungen des Ordens; als solche wurde sie bisher nicht gewürdigt. Ein Wappenstein des Großmeisters d'Aubusson mit Kardinalshut an der Feldseite nahe dem Eingangstor belegt Ausbauten während seiner Amtszeit, nach der Erhebung zum Kardinal 1489.

Zu widersprechen ist somit der teils in der Literatur geäußerten Ansicht, die Johanniter hätten mit Ausnahme der Stadtfestung Rhódos, der beiden Kástra Féraklos und Líndos – beide haben keinen eigentlichen Festungsausbau erfahren – auf Rhódos, der Ordensburg auf Léros und des Kástro von Chóra/KAL nicht über stärkere Befestigungen verfügt.[65] Selbst einige der hier nicht als Festungen aufgeführten Burgen erhielten bemerkenswerte Anlagen bzw. Elemente zur Feuerwaffenverteidigung, etwa Monólithos (Geschützkammer) und Kastélas

138. Kástro tís Panajías (Léros), die einzige bastionierte Burg der Johanniter im Ordensstaat. Die Befestigung hinter der mittleren, als Ruine erhaltenen Bastion wurde nach Zerstörung als Infanteriemauer erneuert (© ML)

(Geschützschildmauer) auf Rhódos oder Kastélli (Schießkammern für kleinere Feuerwaffen) und Palaió Pýli (Rondell) auf Kós. Andere Befestigungen sind so stark zerstört, dass sich über deren Verteidigungsfähigkeit beim letzten Ausbauzustand keine Aussagen treffen lassen.

Um 1500 hatte die Artillerie eine größere Mobilität erreicht: Kleinere, auf Radlafetten (137) gesetzte und damit beweglichere und schneller zu handhabende Geschützrohre konnten nun kleinere Eisenkugeln verschießen. Dabei erreichten die neuen Geschütze eine große Zielgenauigkeit und eine so hohe Anfangsgeschwindigkeit (Rasanz), dass Kugeln in fast gerader Linie flogen. Das ermöglichte Direktbeschuss des Mauerfußes, der den Einsturz der Mauer oder eines Teilstücks bewirken konnte. Bauliche Reaktionen auf die neuen Kanonen zeichneten sich in der Endphase des Johanniter-Staates in der Ägäis ab: Während hochaufragende Türme als Wehrbauten und Machtsymbole das Erscheinungsbild vieler mittelalterlicher Burgen und Stadtbefestigungen prägten, ging die Entwicklung im frühneuzeitlichen Wehrbau allmählich dahin, Festungen dem Blickfeld der Angreifer, und damit auch möglichem Direktbeschuss zu entziehen – sie »verschwanden« hinter dem Glacis. Dieser Effekt ergibt sich teils auf den Landseiten der Festungen Rhódos und St. Peter.

Der seit dem späten Mittelalter gängige Einsatz von Kanonen veranlasste Bauherren und Ingenieure ab dem 15. Jh. zur Entwicklung effektiverer Wehrbauten. Dabei musste eine Verstärkung der eigenen Wehranlagen gegen Kanonenbeschuss erreicht werden – meist durch Verstärkung der Mauern –, und zudem Möglichkeiten geschaffen werden, eigene Geschütze aufzustellen. Die kostenintensive

ZUSAMMENFASSUNG

Aufrüstung entsprechend waffentechnischen Erfordernissen der Zeit war nicht bei allen Befestigungen möglich; das gilt auch für den Ordensstaat, in dem nicht genügend Militär zur Verteidigung vorhanden war. An vielen Burgen sind lediglich Verstärkungen von Wehrmauern sowie Ummantelungen flankierender Türme und Schalen erkennbar (Monólithos; Siána; Míkro Chorió/TIL). Andere erhielten einzelne Vorwerke oder Werke zur Feuerwaffenverteidigung, etwa eine Geschützschildmauer (Kastélas), einzelne Rondelle (Kástro/SYM) oder einen Halbmond und Schütten (Antimachiá/KOS). Nur einzelne Wehrbauten des Ordens wurden mehr oder weniger systematisch zu Festungen ausgebaut, das Kástro tís Panajías zu einer frühen Bastionärbefestigung (138). An der Stadtfestung Rhódos gibt es hingegen nur eine »echte« Bastion, doch gehört Rhódos zu den bedeutendsten Festungen des frühen 16. Jh. im Mittelmeergebiet. Nach der Belagerung 1480 kam es hier zu umfänglichen Ausbauten, sodass Rhódos in der damaligen Welt als eine der stärksten Festungen galt. Die durch *Albarrana*-Türme zur Flankierung unterstützte, primär frontale Verteidigung der Stadt wurde ab 1480/81 durch Außenwerke zu besserer flankierender Verteidigung umstrukturiert. Zusätzlich dienten auf das Grabenniveau ausgerichtete Geschütz-/Feuerwaffenscharten sowie erste Kaponnieren (um 1514) der Optimierung der Verteidigung der Grabensohle. Hierzu trugen auch gemauerte Kontereskarpen bei, die das Erreichen des Grabens für Angreifer erschweren. Die Verstärkungen der Kurtinen und frühe, in der Literatur als »Tenaillen« bezeichnete isolierte Werke im Graben, die in einigen Abschnitten ein doppeltes Grabensystem ergaben, waren weitere »moderne« Festungselemente.

---

1 Christophe Buondelmonti: Description des Îsles de l'Archipel. Übersetzt von Émile Legrand, hrsg. von Ernest Leroux. Paris 1897.
2 Herzog 1932, S. XIV, Anm. 1: »E. Jacobs, Neues von Cristoforo Buondelmonti, Arch. Jahrb. XX 1905, 39ff. O. Rubensohn, Ath. Mitt. 25, 1900, 343ff […] haben entdeckt, daß in einem cod. Ambrosianus und cod. Ravennas die unredigierte Fassung erhalten ist«; Herzog setzte Kós betreffende Passagen der ungekürzten Fassung in Vergleich zu solchen der gekürzten (»Christoph. Bondelmontii lib. Ins. Archipelagi ed. Sinner 1824«).
3 Ross 3 1845, S. 00.
4 Κοντογιαννίς 2002.
5 Losse (Ordensburg-Typen) 2001; Losse (zentrale Orte) 2001.
6 Newton 1865.
7 Kraack 1997, S. 215–235.
8 Sarnowsky 2001, S. 389.
9 Kollias 1991, S. 72f; Kraack 1997.
10 Durrell 1984, S. 18f, 34.
11 Kästner 1975, S. 66.
12 Berg 1862, S. 54f.
13 Ebd., S. 55f.
14 Speich 1987, S. 65.
15 Sigismund Freiherr von Zedlitz: Die Pilgerreise des Heinrich von Zedlitz nach Jerusalem 1493. Nacherzählt von Sigismund Freiherr von Zedlitz. 2010, S. 22.
16 A. Ruppersberg: Die Reise des Grafen Johann Ludwig von Nassau-Saarbrücken nach dem heiligen Lande in den Jahren 1495 und 1496. In: Mitteilungen des Historischen Vereins für die Saargegend 9, 1909, S. 37–140, hier S. 81f.
17 Herquet 1878, S. 100.
18 A.O.M., Bull. Mag. No. 78, nach der Abschrift von Delaville Le Roulx 1913 übersetzt von Rudolf Herzog, in: Rudolf Herzog (Hg.): Kos. Ergebnisse der deutschen Ausgrabungen und Forschungen. Bd. 1: Asklepieion. Berlin 1932, S. XV.
19 Ross 3 1845, S. 110; Berg 1862.
20 Berg 1862, S. 108f.
21 Thomas Biller: Templerburgen. Darmstadt 2014, S. 151f.
22 Sarnowsky 2001, S. 430.
23 Stefanidou 2002, S. 216, meint, zu den Pflichten der Siedler habe der Bau des Turmes gehört.
24 Luttrell 1991, Anm. 17.
25 Hoepfner/Schmidt 1976; Bouras 1992.
26 Luttrell (Military and Naval Organization) 1991, S. 137.
27 Bosio 1629, II, 360; Baumaterial wurde 1476 per Schiff auf die Insel gebracht.
28 Spiteri 2001, S. 151, unter Bezug auf Bosio 1629, II, 360.
29 Berg 1862, S. 153.
30 Ross 3 1845, S. 95.
31 Berg 1862, S. 138, 110.
32 Vgl. Stefanidou 2002.
33 Heslop 2008.
34 A.O.M., cod. 361, f. 362–363.
35 Johann Tucher: Reise nach Palaestina. 2. Aufl. Nürnberg 1482, zit. nach Rudolf Herzog (Hg.): Kos. Ergebnisse der deutschen Ausgrabungen und Forschungen. Bd. 1: Asklepieion. Baubeschreibung und Baugeschichte, von Paul Schazmann, mit einer Einleitung von Rudolf Herzog. Berlin 1932, S. XVII.
36 Zum Begriff Günter Bandmann: Mittelalterliche Architektur als Bedeutungsträger. Berlin 1951.
37 Definition: H. Frobenius (Hg.): Militär-Lexikon. Berlin 1901, S. 56.
38 Definition: Michael Losse: Bollwerk. In: Reclam – Wörterbuch der Burgen, Schlösser und Festungen. Stuttgart 2004, S. 86; Michael Losse: Burgen-ABC. Rheinbach 2016, S. 35.

39 Reclam 2004, S. 263.
40 Bürchner 1898, S. 40.
41 Rolf Übel: Burg Neuscharfeneck. In: Pfälzisches Burgen-Lexikon, Bd. III. Kaiserslautern 2005, S. 755–771.
42 Jürgen Keddigkeit/Michael Losse: Hohenecken. In: Pfälzisches Burgenlexikon, Bd. II. Kaiserslautern 2002, S. 377–389.
43 Kraack 1997, S. 225.
44 Elmar Brohl/Waltraud Brohl: Geschützturm – Barbakane – Rondell – Ravelin. In: Burgenforschung in Hessen. Marburg 1996, S. 183–187, hier S. 185.
45 Ruppersberg 1909, S. 81–83.
46 Jäger 1992, S. 26. Nach Mitt. von Dr. Joachim Zeune gab es Kaponnieren schon früher.
47 Die »Kriegssaison« umfasste die Zeit vom Frühjahr bis kurz vor Beginn der Herbststürme. Danach war Nachschub über See für Angreifer, die auf Inseln operierten, nicht gewährleistet, da Schifffahrt nur eingeschränkt möglich war.
48 A.O.M., Bull. Mag. No. 78, zit. nach Rudolf Herzog, in: Rudolf Herzog (Hg.): Kos. Ergebnisse der deutschen Ausgrabungen und Forschungen. Bd. 1. Berlin 1932, S. XV.
49 Schmidtchen 1977, S. 184, Anm. 553 (unter Bezug auf Ffoulkes 1969).
50 Ebd., S. 140.
51 Ebd., S. 43.
52 Spiteri 1994, S. 168.
53 Bradford, S. 106f.
54 Werner Meyer: Religiös-magisches Denken und Verhalten im eidgenössischen Kriegertum des ausgehenden Mittelalters. In: Michael Kaiser/Stefan Kroll (Hg.): Militär und Religiosität in der Frühen Neuzeit. Münster 2004, S. 21–32.
55 Nicht erhalten ist das westlich der Einfahrt zum Mandráki gelegene, in historischen Plänen (Choiseul-Gouffier 1782) verzeichnete Chateau S. Elme.
56 Folker Reichert/Andrea Denke (Hg.): Konrad Grünemberg. Von Konstanz nach Jerusalem. Eine Pilgerfahrt zum Heiligen Grab im Jahre 1486. Die Karlsruher Handschrift. Eingeleitet, kommentiert und übersetzt von Folker Reichert und Andrea Denke. Darmstadt 2015, S. 170f.
57 Caoursin 1480/81 (Ms. Ochsendorf), 312r.
58 Zu diesem Phänomen: Marion Hilliges: Die Kugel in der Mauer. Zur semantischen Aufrüstung von Fassaden in der Renaissance. In: Michael Korey/Bettina Marten/Ulrich Reinisch (Hg.): Festungsbau. Geometrie – Technologie – Sublimierung. Berlin 2012, S. 326–340.
59 Frederick W. Hasluck: Dieudonné de Gozon and the Dragon of Rhodes. In: Annual of the British School at Athens 20, 1914, S. 70–79.
60 Berg 1862, S. 118f.
61 Michael Losse: Aspekte der Wasserversorgung mittelalterlicher Burgen in der Südost-Ägäis (Griechenland) – Beispiele aus dem Johanniter-Ordensstaat auf den Dodekanes (1306/07–1522). In: Frontinus-Gesellschaft e.V./Landschaftsverband Rheinland/Rheinisches Amt für Bodendenkmalpflege (Hg.): Wasser auf Burgen im Mittelalter. Mainz 2007, S. 315–323.
62 Biller 2014, S. 150–161.
63 Ebd., S. 166.
64 Elmar Brohl: Zum Festungsbegriff. In: Festungsjournal 5, 1998, 16–21.
65 So Nossov 2010, S. 6.

139. Rhódos, Stadtbefestigung (© ML).

ZUSAMMENFASSUNG

BURGEN UND WEHRBAUTEN NACH DEM ENDE DES ORDENSSTAATES

140. Burg Monólithos (Rhódos), Burg Monólithos. Teile der Burg sind stark einsturzgefährdet, das abgebildete Gewölbe in der Unterburg ist inzwischen weiter zusammengebrochen, weil Touristen darauf herumkletterten (© ML).

BURGEN UND WEHRBAUTEN NACH DEM ENDE DES ORDENSSTAATES

Nach der Eroberung von Rhódos 1522 blieb die Stadt während der *Turkokratía* 1522–1912 Regierungssitz. Die Osmanen ließen das Marinearsenal vergrößern, die Festung ausbessern und einige Wehrbauten der Insel in unbekanntem Umfang erneuern. Eine etwa 1.000 Mann starke Garnison wurde in den Befestigungen stationiert und Kavallerie in ländliche Regionen der Insel verlegt. Rhódos war nun einer der wichtigsten osmanischen Militärstützpunkte in der Ägäis.

1529 sah der Orden eine Chance, Rhódos zurückzugewinnen, nachdem der vom Sultan bei der Besetzung des Großwesiramtes 1523 übergangene Ahmet Pascha sich gegen jenen gestellt und in Ägypten zum souveränen, vom Osmanischen Reich unabhängigen Sultan erklärt hatte. Ahmet Pascha benötigte Unterstützung und suchte ein Bündnis mit dem Papst und dem Orden. Als Gegenleistung bot er Hilfe bei der Rückeroberung von Rhódos an, wo er Verbündete hatte. Seine Ermordung und die Hinrichtungen mehrerer Verschwörer 1529 machten die Hoffnungen des Ordens auf die Rückgewinnung von Rhódos zunichte.

Obwohl die osmanischen Sultane in der Frühen Neuzeit die Kontrolle über den größten Teil des östlichen Mittelmeeres hatten, behielt Rhódos während der türkischen Besatzungszeit überregionale strategische Bedeutung, das belegen Berichte christlicher und muslimischer Reisender. So schrieb der Türke Evliya Çelebi M. des 17. Jh., Rhódos sei der »*Schlüssel zum Mittelmeer*«.[1] In seinem Buch beschreibt er, der Schiffsverkehr um Istanbul, Alexandria in Ägypten und Jemen könne von Rhódos aus intensiv überwacht werden. Bei dieser Bedeutung der Festung Rhódos mag es verwundern, dass sie weitgehend im Zustand des letzten Ausbaues durch die Johanniter erhalten blieb, doch hatte das Osmanische Reich hier vorerst keine ernsthaften Angriffe zu erwarten. Anscheinend kam es erst im 17. Jh. zu partiellen Umbauten der Festungsstadt: Auf der Mühlenmole enstand eine Batterie, zu deren Bau mehrere Windmühlen abgebrochen wurden. Ob damals der johanniterzeitliche, hafenseitig der Stadtmauer vorgelegte Halbmond (um 1515/21?) durch das rechteckige Werk überbaut wurde, ist unbekannt.

Die größeren Befestigungen der anderen Inseln, in denen teils bis 1912 türkische Garnisonen lagen, wurden meist nur im Bereich der Brüstungen verändert, so die Festung in Kós. Am Kástro von Chóra/KAL lässt sich erkennen, dass ein rechteckiges Bollwerk als solches aufgegeben und, wie das anschließende Teilstück der Wehrmauer, zur Verteidigung mit kleineren (Hand-)Feuerwaffen eingerichtet wurde. Die Umbauten sind oft an den aufgesetzten kleinen türkischen »Zierzinnen« auszumachen. Eine umfassende Untersuchung der türkischen Umbauten an Befestigungen auf den Dodekanes steht aus.

Einzelne »Burgen« im Hinterland von Rhódos erfuhren in türkischer Zeit Teilabbrüche. In Sálakos wurden die Ecktürme der Burg, so Berg 1862, »*von den Türken zum Theil abgetragen und zum Baue einer Moschee benutzt*«.[2]

Bei der Burg in Kremastí setzte anscheinend erst nach M. des 19. Jh. der Verfall bzw. die Ausschlachtung ein. Ross (1845) berichtete noch von »*einem wohlerhaltenen Ritterschloß*«, welches das Dorf »*beherrscht*«, doch schon 1862 vermerkt Berg: »*Die Umfassungsmauern stehen zum Theil noch aufrecht*, und einige *wohlerhaltene Gewölbe werden als Viehställe benutzt.*«[3]

Spätestens um 1900 wurde das überwiegend von Türken bewohnte Kástro Koskinoú aufgesiedelt. Wohnhäuser stehen an die Feldseite ebenso wie an die Innenseiten der Kástromauern angebaut.

In der Zeit der italienischen Besatzung 1912–43 gab es zwar Bestrebungen, die mittelalterlichen Bauten der Dodekanes zu erforschen und einige zu restaurieren, doch kam es weiterhin zu Abbrüchen. In Apolakía wurde die Burg größtenteils abgebrochen und die Ruine durch Teilabtragung des Burghügels fast völlig zerstört. Eine vor 1917 entstandene Fotografie zeigt noch bis zu 4 m hoch erhaltenes Mauerwerk und Albert Berg schrieb noch 1862: »*Ein Schloss aus der Ritterzeit von sehr massiver Bauart beherrscht das Dorf.*«[4]

Anwohner brachen A. des 20. Jh. Teile des byzantinischen Torbaus am Kástro Palaió Pylí/KOS ab, um die Ziegel zu nutzen. Im Rahmen archäologischer Untersuchungen wurden spätere Zubauten wie die türkischen Wohnhäuser im Bering des Kástro Líndos von den italienischen Behörden beseitigt. Mancherorts kam es zu freien Restaurierungen, unter denen die der Burgen Asklípeio und Filérimos sehr weitgehend waren; letztere kam in einigen Bauteilen einer Neuschöpfung gleich. Auf Filérimos wie auch bei dem ambitionierten Projekt des »Wiederaufbaues« der Großmeisterburg in Rhódos, fanden antike und frühchristliche Spolien Verwendung.

Einzelne Ordensbefestigungen wurden von den Italienern schon vor dem 2. Weltkrieg militärisch genutzt und ausgebaut. In der Kernburg des Kástro tís Panajías/LER errichtete italienisches Militär Beobachtungsposten und Mannschaftsquartiere. Bei einem deutschen Bombenangriff auf die Burg wurde diese 1943 in Teilen beschädigt. Eine Bestandsaufnahme der Kriegsschäden an mittelalterlichen Bauten auf Rhódos, Kós, Léros und Pátmos unternahm T. W. French (1948).[5]

Das aus der dorischen Akropolis hervorgegangene, in byzantinischer Zeit und von den Johannitern genutzte Palaiókastro auf Kastellórizo diente den Italienern als Befestigung, davon zeugen Einbauten von Geschütz-/Flakstellungen, Luftschutzstollen und Reste von Munition aus dem 2. Weltkrieg. Unter dem Kástro Féraklos wurden Munitionsstollen angelegt. Auf den Inseln entstanden im 2. Weltkrieg zudem zahlreiche neue italienische Befestigungen.

Im Halbmond des Kástro Antimacheía/KOS, in dem während des 2. Weltkrieges eine kleine deutsche Besatzung lag, und am Hafenfort Áj. Nikólaos kam es zu Veränderungen von Schießkammern zur MG-Nutzung und in den Hafenfort St. Michael wurde eine MG-Stellung aus Beton eingefügt (**77**). In manchen Ruinen von Wehrbauten der Johanniter blieben Reste von MG-Nestern (Féraklos). Einen umfänglichen Ausbau erfuhren die Befestigungen auf dem Filérimos, wo im Bereich der byzantinischen Stadtbefestigung Laufgräben, MG-Stellungen und Bunker entstanden. Da die Türkei nach dem 2. Weltkrieg die Demontage größerer Geschütze auf den Inseln forderte, wurden Geschützstellungen und Zubauten in Befestigungen damals zerstört, doch manche Einbauten blieben erkennbar.

Mehrere Burgen und mittelalterliche Befestigungen sind – oder waren noch bis vor kurzem – vom griechischen Militär genutzt, da die türkische Grenze nahe ist. Erst vor wenigen Jahren wurden die Ordensburg auf Léros und die mit einem Wachtturm besetzte Kuppe über Kap Ladikó geräumt. Immer noch genutzt sind die »Burg Pefkoí« und die Burg auf Ró.

Burgen und Befestigungen im 20./21. Jahrhundert
Nachdem viele Burgen schon in der Frühen Neuzeit aufgegeben und mehrere befestigte mittelalterliche Siedlungen seit dem 18. Jh. verlassen wurden, kam es in den Ruinen zu Verfall und Steinraub: Menschen, die sich am Fuß eines Kástro-Berges ansiedelten und dort eine neue Ortschaft anlegten, bedienten sich in den verlassenen Bauten, die sie zur Gewinnung von Baumaterial ausschlachteten und abbrachen (s. Chóra/KAL: Kástro). Es ist erkennbar,

dass primär gut bearbeitete Steine (Fenster-/Türgewände, Eckquader) ausgebrochen wurden.

In steinarmen Gegenden konnte der Steinraub zum Verschwinden ganzer Burgen führen. Auf Rhódos blieben von der Burg Katavía wenige Mauerreste, von der Ordensburg Apolakía außer geringen Fundamentresten fast nichts, ähnlich wie vom Kástro in Jennádi und vom Wachtturm bei Afándou. In der Bebauung des Ortes ging die Burg Koskinoú auf.

Zwar erfolgten seit 2000 viele Restaurierungen von Wehrbauten auf den Dodekanes, darunter die 1995 begonnene umfängliche, wissenschaftlich von Archäologie und Bauforschung gut vorbereitete und begleitete Sanierung und Restaurierung großer Teile der Festung Rhódos und der Großmeisterburg, doch waren die Maßnahmen an einigen Burgen in den letzten Jahren fragwürdig. So kam es in der Burg Kástelas zur Entfernung originaler gotischer Fenster- und Türgewände und zu deren Ersatz durch neue. Bei der anscheinend ohne Bauforschung und Dokumentation durchgeführten Restaurierung der Burg Archángelos wurden, so ein Restaurator, Schießscharten verändert und undokumentiert Aufmauerungen vorgenommen. Auch auf Kálymnos kam es zu solchen »Ergänzungen« (Chóra: Kástro; Péra Kástro).

In Burgen, in denen Kirchen stehen, greifen Gläubige oftmals zur Eigeninitiative, brechen ab, mauern auf, bauen um und tünchen das historische Mauerwerk weiß (Kástro stó Stávro/NIS). In einer (aus Rücksicht auf die entsprechende Person hier nicht benannten) Burg teilte mir der Mesner, der die Kapellen in der Ruine betreut, mit: »*Ich mauere hier immer mal Partien auf, weil es sonst nicht schön aussieht!*«

Bedauerlich ist der schlechte Erhaltungszustand mancher Ruinen. Die Erdbebenhäufigkeit in Griechenland gehört zu den Gefährdungen, aber mehr noch manche Touristen: Unbedarfte Zeitgenossen klettern auf einsturzgefährdete Mauern und Gewölbe und bringen diese so zum Einsturz, so geschehen am Magazinbau der Burg Monólithos. Besonders ärgerlich ist die weitverbreitete Unart, »Steinmännchen« in Ruinen zu bauen, wozu rücksichtslos Steine aus dem Mauerwerk gebrochen und dem Boden gegraben werden (u. a. Faneroméni/TIL). Resümierend ist leider festzustellen, dass in der Zeit seit dem Beginn meiner Forschungen viele Substanzverluste zu beklagen sind. Weitere sind für die nahe Zukunft zu erwarten (u. a. Turmhaus Moní Ármatou; Wachtturm Glýfada; Kástro Féraklos: Torzwinger.

---

1 S. Erdogru 1996, S. 30.
2 Berg 1862, S. 108f.
3 Ross III 1845, S. 100; Berg 1862, S. 109f.
4 Ebd.
5 T. W. French: Losses and Survivals in the Dodecanese. In: BSA XLIII, S. 193–200.

REZEPTION UND »NACHLEBEN« DER JOHANNITER-BURGEN AUF DEN DODEKANES

141. Líndos (Rhódos), Kapitänshaus (Café Captain's House), Innenhof (© ML).

REZEPTION UND »NACHLEBEN« DER JOHANNITER-BURGEN AUF DEN DODEKANES

Mit der türkischen Eroberung der Stadt Rhódos endete 1522 die Johanniter-Herrschaft über die Dodekanes, doch blieb die spätgotische Ordensarchitektur vielfach bis ins 17. Jh., im Sakralbau sogar bis ins 20. Jh., für Bauwerke auf den Inseln vorbildlich. Mit der Dodekanes-Besetzung durch Italien 1912–43 wurden Elemente der Ordensarchitektur dann an öffentlichen Bauten zitiert, jedoch im Sinne der Besatzungsmacht umgedeutet. Noch, und wieder, in unserer Zeit post-postmoderner Beliebigkeit bedient sich so mancher Architekt und Bauherr aus der Versatzstückkiste der Ordensarchitektur: Hotels, Restaurants, Diskotheken und Wohnhäuser werden durch Türmchen und Zinnen zu »Burgen« – und mancherorts sogar schon als »Originale« rezipiert. Insofern ist ein Blick auf das »Nachleben« und die Rezeption der Ordensarchitektur für unsere burgenkundliche Gesamtdarstellung erforderlich.

Die Kapitänshäuser in Líndos (Rhódos)

In den Kontext der Rezeption der Ordensarchitektur gehören die im 17. Jh. erbauten Kapitänshäuser in Líndos, von denen sich etwa 50 »ganz oder in Resten« im Ort nachweisen lassen.[1] Fast alle zeigen eine hohe Umfassungsmauer und einen turmartigen Bau neben dem eigentlichen Wohnhaus, wobei der Turm an einigen wie ein Torturm über die Gasse hinweg gebaut wurde. Mauern und Türme sind ohne Wehrelemente. Die Mauern hatten Sichtschutz zu gewährleisten – das Familienleben fand großenteils im Hof statt, der im Sommer als Schlafstätte diente –, und die Türme waren Standessymbole wohlhabender Reeder. Ihr OG enthielt meist einen ausgemalten Raum mit umlaufendem Diwan. Hier traf man sich zu Verhandlungen über »*Schiffsfahrten, zum Spiel, zum Trinken und zum Rauchen. [...] v.a. aber hatte man hier, von wo der Wind auch immer kam, die Möglichkeit der Kühlung*«.[2] Die Fassaden der Kapitänshäuser präsentieren sich mit flächigem Bauschmuck, der Vorbilder in der rhodischen Spätgotik der Johanniter hatte (141). Christliche Kapitäne und Handelsherren tradierten so in der türkischen Besatzungszeit bis zum 17. Jh. die Ordensarchitektur.

Burgenrezeption im Kontext der italienischen Dodekanes-Besetzung 1912–43

Im Türkisch-Italienischen Krieg 1911–12 besetzte Italien die Dodekanes. Die griechische Bevölkerung begrüßte die Italiener als Befreier von der türkischen Besatzung, doch wartete sie vergeblich auf die zugesagte Autonomie. Im Friedensvertrag von Lausanne 1923 verzichtete die Türkei auf die Dodekanes. Rhódos wurde ein wichtiger Stützpunkt der italienischen Mittelmeerpolitik.

Italien errichtete seine ägäische Herrschaft. 1935/36 folgte die Eroberung Abessiniens und Italiens König beanspruchte den Titel »Kaiser von Äthiopien«. *Africa Orientale Italiana* umfasste Eritrea, Somaliland, Abessinien und Libyen. Als Brücke zwischen Italien und den Kolonien waren die Dodekanes sehr wichtig und bald begann deren Zwangs-»Italienisierung«, verbunden mit einem umfänglichen Bauprogramm. Mittelalterliche Bauten wurden restauriert, einige »wiederaufgebaut«. Zudem entstanden ortsbildprägende Bauten in historisierenden Formen (Gotik, Renaissance). Für Kós stellte Dimitris Davaris fest: »*Italien hat versucht, das Bild der Inseln zu ändern und hat ihnen einen ausgeprägten römisch-venezianisch-mittelalterlichen Charakter aufgeprägt*«.[3]

Nördlich der mittelalterlichen Altstadt von Rhódos erstreckt sich die italienische Neustadt am Mandráki. Auf diesen Hafen sind die meisten der Monumentalbauten ausgerichtet. Sie stehen an der parallel zu ihm verlaufenden Pracht-/Aufmarschstraße. An der Westseite, zur Stadt, sind es modernistische und an der Renaissance orientierte, an der Hafenseite »mittelalterlich«-historisierende Bauten, darunter die 1925 als kath. Kirche erbaute Evangelismos-Kirche. Sie ist eine freie Rekonstruktion der Ordenskirche St. Johannes, doch trägt der Campanile ein Relief des Markuslöwen als Signum Venedigs. Baulich verbunden mit der Kirche ist der Erzbischofpalast. Seine Fassade zeigt gotische Stilzitate der Johanniterzeit, der anschließende Palazzo del Governo hingegen »maurisch«-orientalisierende Fassaden und an der Hafenfront Zitate des Dogenpalastes in Venedig. Die Venedig-Assoziation war gewollt, was der Markuslöwe und die Dogenpalast-Zitate in Rhódos, also an einem Ort, an dem Venedig im Mittelalter nicht präsent war, aber interessant schien, belegen. Hier konstruierte die italienische Besatzung im 20. Jh. in legitimatorischer Absicht eine venezianische Vergangenheit für Rhódos – »*architektonische Urkundenfälschung*« nannte es der Kunsthistoriker Prof. Hans Jochen Kunst.

Wie diese Bauten wahrgenommen wurden, belegen Zitate des deutschen Schriftstellers Erhart Kästner, der in den 1940er Jahren griechische Inseln bereiste: »*Die neue Stadt am Hafen: wo kommt das alles nur her? Die Hafeneinfahrt mit den zierlichen Säulen, dahinter am Ufer ein neues Venedig: Loggien, Paläste, Säulen, Kirchen, bunter Marmor, Treppen und Plätze!*« Kästner schwärmt – und grübelt: »*Staunenswert. Der Einschlag des Wunderbaren, des Traumhaften ist stark. Der alte wundersüchtige Geist, der einst die Stadt der Ritter ins Leben rief, ist jetzt in diesen Jahren noch einmal wiedergekommen und hat in einer Art Fieber, einer Art Wahn, noch einmal Ritterträume geträumt, und mitten in Griechenland entstand etwas, das ganz ungriechisch ist. Denn dies Neue ist römisch, ganz und gar. Es ist ein Schaustück, für Fremde gemacht. [...] schnell gewachsen, ein bißchen zu sehr aus der Schachtel, ein bißchen Ausstellungsarchitektur. Es ist auf Anspruch und Geltung gestellt und nach außen gewandt.*«[4]

Viele öffentliche Bauten der Italiener rezipieren Burg- und Palastarchitektur, so die Verwaltungsbauten in Häfen, etwa auf Sými – mit Turm, Zinnen und »Pfefferbüchse« zeigt der Bau Burg- und Festungselemente. »Burgartiger« sind die Verwaltungsbauten in den Häfen Livádia/TIL und Skála/Pátmos mit dominierenden Ecktürmen.

Die Italiener restaurierten viele Johanniter-Bauten auf den Inseln, wobei sie türkische Zutaten meist rigoros beseitigten. Sie rekonstruierten sehr frei Ordensburgen, auf Rhódos u.a. Asklipieión und Filérimos. Die italienischen Besatzer gerierten sich als Nachfolger der Johanniter und Venedigs. Die Bau- und Restaurierungstätigkeit auf den Dodekanes steht für dieses Selbstverständnis: So heißt in einer Inschrift im Großmeisterpalast, die an den 1940 abgeschlossenen Neuaufbau erinnert: »*erbaut von den Rittern auf dem unbezwungenen römischen [!] Bollwerk [...] zur Verteidigung der abendländischen Zivilisation und der Religion von Rom*«.

Zur Legitimation ihrer Herrschaft bedienten sich die Italiener verschiedener historischer Stile. Dass Bauten unterschiedlicher Stile gleichzeitig nebeneinander entstanden, wie in der Neustadt von Rhódos, war kein Widerspruch, vielmehr sollte eine gewachsene Stadt suggeriert werden, die Zeugnisse verschiedener großer Epochen Italiens aufweist.

142. Triánda (Rhódos), Restaurant Lancelot mit Schwalbenschwanz- und Johanniter-Zinnen. Am »Eckturm« Werbeschild für Magnus Magister-Bier (© ML).

Hotels, Restaurants und Wohnhäuser unserer Zeit als »Johanniter-Burgen«

In der 1. H. des 20. Jh. entstanden auf den Dodekanes einzelne historische Burg-Villen wie die Villa Pýrgos Belléni in Alínda/LER für den Unternehmer Bellénis um 1924, doch erst ab den 1990er Jahren wurden hier zahlreiche Villen, Wohnhäuser, Hotels und Restaurants mit Türmen und Johanniter-Zinnen erbaut – der Tourismus des »event«-Zeitalters und Eigenheimbauer der Post-Postmoderne entdeckten die Johanniter und ihre Burgen für sich. Auffällig viele burgrezipierende Wohnhäuser stehen an der SO-Küste von Rhódos, wo sich viele Ausländer ab etwa 2000 zwischen Jennádi und Lachaniá Zweithäuser errichten ließen. Was wollen Bauherren mit Burgzitaten ausdrücken? Vielfach gilt für die Architektur des 19./20. Jh., dass die »Einkleidung« eines Gebäudes in historische Formen aus historisch-legitimatorischen Absichten erfolgte, im 20. Jh. jedoch zunehmend als Versuch einer sozialen Aufwertung der Bewohner zu deuten ist. Letzteres ist bei der Gestaltung und Vermarktung von Touristenhotels festzustellen. Seit den 1980er Jahren bis heute finden Burgversatzstücke Verwendung an Hotels, die so »aristokratisiert« werden sollen, was auch Hotelnamen belegen: Palace, Residence, Royal, Majestic, Imperial, Regency, Princess, Villa, Castle, Castelli, Kastri und Pyrgos sollen Gediegenheit und Luxus suggerieren. Der »Kunde ist König«, der Gast wird »bedient«. Neben Namen sind es architektonische Versatzstücke, die aus Hotels »Burgen« und »Paläste« machen sollen, etwa Miniaturzinnen auf einem 300-Betten-Hotel.

Aufwendiger sind einige Hotel-Komplexe auf Rhódos gestaltet, in deren Garten- und Poolanlagen Türme mit Zinnen und »Pfefferbüchsen« stehen (z. B. Esperos Palace bei Faliráki; Royal Steps of Lindos).

Das in seiner Lage eindrucksvollste der Johanniter-Burgen rezipierenden Hotels ist der auf einem Hügel bei Faliráki gelegene Komplex Castello di Cavalieri Hotel Suites mit seinem »Doppelturmtor«. Die durch die Burgversatzstücke gehobene Selbsteinschätzung belegt die Beschreibung auf der Hotel-Homepage: »*Our theme, deriving from our island's history, takes you back to another era. The romantic era of the Cavaliers of Rhodes.*« Einige Zimmer zeigen »gotisches« Dekor.

Das Phänomen der Burgenrezeption im zeitgenössischen Hotelbau beschränkt sich nicht auf die Dodekanes, doch gibt es hier explizit am Formenrepertoire der Johanniter-Burgen auf Rhódos orientierte Bauten. Gleiches gilt für Restaurants und Lokale auf Rhódos, so in Faliráki und Triánda (Restaurant Lancelot; 142). Auch in Dekor und Namensgebung der Gastronomie fallen Johanniter-Bezüge auf, etwa in den Namen Café Medieval und Restaurant Ippotikon.

ÜBRIGENS! Ein Kuriosum zum Schluss: In den Kontext der Rezeption der rhodischen Johanniter-Ordensgeschichte gehört, dass die Hellenic Brewery of Rhodes ein ›Magnus Magister‹ (so die lat. Bezeichnung für die Johanniter-Großmeister) genanntes Bier braut. Eine Parallele zu Malta, wo ein Bier ›1565‹ nach dem Jahr der durch die Johanniter abgeschlagenen türkischen Belagerung von Malta benannt wurde.

1 Kähler 1971, S. 42.
2 Ebd., S. 42f.
3 Dimitris Davaris: Kos. Die Insel des Hippokrates. Athen o. J., S. 31.
4 Kästner 1975, S. 66f.

143. Livádia (Tílos), burgrezipierendes italienisches Verwaltungsgebäude mit dominierendem Eckturm (© ML).

ANHANG

Literatur (Auswahl)

Burgen und Wehrbauten der Johanniter auf den Dodekanes und in der Ägäis

Allgemein

Dauber, Robert L.: Classis et Castra. Marine und Seefestungen der Johanniter von Rhódos 1306–1523. Bd. 3: Seeoperationen und Seefestungen. Gnas 2010.

Gabriel, Albert: La cité de Rhodes MCCCX–MDXXII. Architecture civile et religieuse. 2 Bde. Paris 1922–23.

Gerola, Giuseppe: I monumenti medioevali delle 13 Sporadi. In: Annuario Scuola Arch. Atene I, 1914, S. 319–356; II, 1916, S. 29–54.

Heslop, Michael: The Search for the Byzantine Defensive System in Southern Rhodes. In: BYZANTINOS DOMOS 16 (2007–08), S. 69–81.

– The Search for the Defensive System of the Knights in Southern Rhodes. In: Judi Upton-Ward (Hg.): The Military Orders, Vol. 4: On Land and by Sea. Ashgate 2008, S. 189–200.

Istituto Italiano dei Castelli (Hg.): Architetti e ingegneri militari Italiani all'estero dal XV al XVIII secolo (Castella 44). 1994.

Jäger, Herbert: Die erste (?) aller Grabenwehren. In: fortifikation 6, 1992, S. 23–29.

Kollias, Elias: The City of Rhodes and the Palace of the Grand Master. Athen 1988.

– The Knights of Rhodes. Athen 1991.

– The castles of the Knights Hospitallers in the Dodecanese Islands. In: Triposkoufi/Tsitouri 2002, S. 165–181.

Κοντογιαννης, Νικος Δ.: Μεσαιωνικα καστρα και οχυροσεις της Κω. Athen 2002.

Kraack, Detlev: Die Johanniterinsel Rhódos als Residenz. Heidenkampf im ritterlich-höfischen Ambiente. In: Werner Paravicini (Hg.): Zeremoniell und Raum. Sigmaringen 1997, S. 215–235.

Lock, Peter: Freestanding towers in the countryside of Rhodes. In: Elizabeth Jeffreys (Hg.): Byzantine Style, Religion and Civilization. In honour of Sir Steven Runciman. Cambridge 2006, S. 374–393.

Losse, Michael: Die Johanniter-Ordensburg bei Monólithos (Insel Rhódos) und die Ordensburg-Typen in der Ägäis (1307–1522). In: Forschungen zu Burgen und Schlössern 6. München 2001, S. 277–286.

– Burgen als zentrale Orte im ägäischen Ordensstaat der Johanniter (1307–1522). Zentralfunktionale Aspekte der »Castellania« und der Ordensburgen auf den griechischen Dodekanes-Inseln und an der kleinasiatischen Küste. In: Barbara Schock-Werner (Hg.): Zentrale Funktionen der Burg. Braubach 2001, S. 45–53.

– Burgen und Befestigungen des Johanniter-Ordens auf den Dodekanes-Inseln Tílos, Chálki und Alimiá. In: Burgenforschung aus Sachsen 17/2 (2004), S. 98–129; 18/2 (2005), S. 135–157.

– *»histori von der belegnus so der türkisch kaiser gehabt hat vor Rhodis«* – Die Belagerung der Stadt Rhódos (Griechenland) durch die Türken 1480 im

Spiegel der Chronik des Guillaume Caoursin, eines Zeitzeugen. In: Olaf Wagener/Heiko Laß (Hg.): »... wurfen hin in steine / grôze und niht kleine ...« Belagerungen und Belagerungsanlagen im Mittelalter. Frankfurt/M. u. a. 2006, S. 205–234.
- Kástro und Vígla: Burgen-Standorte auf Inseln der Südöst-Ägäis. Beispiele von den Südlichen Sporaden bzw. Dodekanes-Inseln. In: Castrum Bene 9, 2006, S. 255–278.
- Burgen und Städte im ägäischen Ordensstaat der Johanniter (1306/07–1522). In: Piana 2008, S. 467–480.
- Wacht- und Wohntürme aus der Zeit des Johanniter-Ordens (1307–1522) auf der Ägäis-Insel Rhódos (Griechenland). In: Burgen und Schlösser 4, 2009, S. 245–261.
- Frühe Festungselemente an Wehrbauten des ägäischen Johanniter-Ordensstaates (1307–1522) – Mögliche Vorbilder für Vor- und Außenwerke an Burgen in der Pfalz. In: Kaiserslauterer Jahrbuch für pfälzische Geschichte und Volkskunde 12, 2012, S. 75–104.
- The Development of Gunpowder Defences at the Knights Hospitallers' Fortifications on the Dodecanese Islands (1307–1522). In: Emanuel Buttigieg/Simon Phillips (Hg.): Islands and Millitary Orders, c. 1291-c. 1798. Ashgate 2013, S. 189–200.
- Fortified Dodecanese Islands: some aspects of the development of bastion and the watchtower-system in the Knights Hospitallers' Aegean Territory in the 15th and 16th centuries. In: Direção-Geral do Património Cultural (Hg.): Castelos das Ordens Militares. Lisboa 2014, S. 253–276.
- Die Burgen und Befestigungen auf den Dodekanes-Inseln Kálymnos, Télendos und Psérimos. In: Burgenforschung – Europäisches Correspondenzblatt für interdisziplinäre Castellologie 2, 2013, S. 179–216.
- Anmerkungen zu den Burgen und Befestigungen auf den Dodekanes-Inseln Sými, Séskli und Nìmos (Griechenland). In: Andreas Panter/Ellen Panter (Hg.): Sehen, erfassen und verstehen. Festschrift für Hartmut Hofrichter zum 75. Geburtstag. TU Kaiserslautern 2014, S. 133–156.
- Innovative Wehrelemente an Johanniter-Ordensburgen und -Befestigungen in der Ägäis (1307 bis 1522). In: Joachim Zeune (Hg.): »Dem Feind zum Trutz« – Wehrelemente an mittelalterlichen Burgen. Braubach 2015, S. 69–84.
- The development of Bastion in the Knights Hospitallers' Monastic State in the Dodecanese, Aegean Sea (15th and 16th centuries) – some new aspects. In: CEAMA, 15, 2017 (Actas do X Seminário Internacional sobre Arquitectura Militar – 2016), S. 216–234.

Nossov, Konstantin [Autor]/Delf, Brian [Illustrator]: The Fortress of Rhodes 1309–1522 (Fortress, 96). Oxford 2010.

Piana, Mathias (Hg.): Burgen und Städte der Kreuzzugszeit. Petersberg 2008.

Poutiers, Jean-Christian: Rhodes et ses Chevaliers (1306–1523). Approche historique et archéologique. Imprimerie Catholique sal Araya, Liban 1989.
- Les Etablissements des Hospitaliers dans le mer Egee: Villages fortifies et Bourg maritimes. In: V. Congress International d'Etudes de Sud-Est Europeen. Belgrad 1984.

Rasch, Manfred: Zur Vorgeschichte der Johanniter-Festungen auf Malta. In: Zeitschrift für Festungsforschung 1, 1982, S. 21–31.

Santoro, Rodolfo: Architetti italiani operanti alle difese dello stato dei »Cavalieri di Rodi«. In: Castella 44, 1994, S. 33–37.

Spiteri, Stephen C.: Fortresses of the Cross. Hospitaller Military Architecture (1136–1798). Valletta 1994.
– Fortresses of the Knights. Hamrun 2001.

Stefanidou, Alexandra: Castles of the Knights Hospitallers. In: Triposkoufi/Tsitouri 2002, S. 184–253.

Triposkoufi, Anna/Tsitouri, Amalia (Hg.): Venetians and Knights Hospitallers. Athen 2002.

Monographische Abhandlungen

Aydemir, Ilık: La réutilisation des architectures fortifiées et la Forteresse de St. Pierre à Halicarnasse (Bodrum). In: Europa Nostra Bulletin 59, 2005, S. 79–86.

Binding, Günter: Filerimos auf Rhódos. In: Burgen und Schlösser 1, 1969, S. 5-7.

Φιλημονος–Τσοποτου, Μελινα: Η Ελληνιστικη Οχυρωση της Ροδου (Υπουργειο Πολιτισμου Δημοσιευματα του Αρχαιολογικου Δελτιου Απ. 86). Athen 2004.

Gerola, Giuseppe: Il Castello di S. Pietro in Anatolia ed i suoi stemmi dei Cavalieri di Rodi. In: Rivista del Collegio araldico, XIII, 1, 2, 3, Rom 1915.

– Il castello di S. Pietro ad Alicarnasso ed i Cavalieri d'Italia, in corso di stampa nella Nuova Antologia. Rom 1915.

Hemsley Pearn, John/Pitsonis Efstathis, Vlasis: The Knights' Castle on Kastellorizo. The Order of St John and two centuries of strategic defence at the interface of Europe and Asia. Brisbane 1999.

Kähler, Heinz: Lindos. Zürich 1971.

Karo, G.: Die Burg von Halikarnassos. In: Archäologischer Anzeiger XXXIV, 1919, S. 59-76.

Kasdagli, Anna-Maria/Manoussou-Della, Katerina: The defences of Rhodes and the Tower of St. John. In: Fort 24, 1996, S. 15-34.

Kasdagli, Anna-Maria/Katsioti, Angeliki/Michaelidou, Maria: Archeology on Rhodes and the Knights of St John of Jerusalem. In: Peter Edbury/Sophia Kalopissi-Verti (Hg.): Archeology and the Crusades. Athen 2007, S. 35-62.

Kollias, Elias: The City of Rhodes and the Palace of the Grand Master. Athen 1988.

Lojacono, Pietro: Il Palazzo del Gran Maestro in Rodi. Studio storico-architettonico. In: Clara Rhódos VIII, 1936, S. 289-362.

Losse, Michael: Die mittelalterliche Burg im Chório auf der Ägäis-Insel Sými. In: Mittelalter 4, 2002, S. 81-93.

– Die Festung »Kástro tís Panajías« bei Plátanos (Insel Léros) – die früheste Bastionärbefestigung der Dodekanes? In: fortifikation 18, 2004, S. 41-61.

– The castle »Kástro tís Panajías« in the island of Léros (Greece), the first bastionated fortress in the Aegean? In: Europa Nostra Scientific Bulletin 62, 2008, S. 91-100.

Luttrell, Anthony: The later history of the Maussolleion and its utilization in the Hospitaller Castle at Bodrum. In: Kristian Jeppsen/Anthony Luttrell: The Maussolleion at Halikarnassos. Reports of the Danish Archeological Expedition to Bodrum, Vol. 2, Aarhus University Press o. J. (1986), S. 114-214.

– English Contributions to the Hospitaller Castle at Bodrum in Turkey: 1407-1437. In: Helen Nicholson (Hg.): The Military Orders II: Welfare and Warfare. Aldershot 1998, S. 163-172.

Luttrell, Anthony/Falkenhausen, V. von: Lindos and the Defence of Rhodes, 1306-1522. In: Rivista di Studi Bizantini e Neoellenici XXXII-XXXIII. Rom 1985-86, S. 317-332.

Maiuri, A.: I castelli dei Cavalieri di Rodi a Cos e a Budrum (Alicarnasso). In: Annuario della R. Scuola Archeologica di Atene IV-V, 1921/22, S. 290 ff.

– Porte e Mura della Fortificazione Cavalleresca. In: A. Maiuri/G. Jacopich: Clara Rhódos. Studi e materiali pubblicati a Cura dell'Istituto Storico-Archeologico di Rodi, Vol. I: Rapporto generale sul Servizio Archeologico a Rodi e nelle Isole dipendenti dall'Anno 1912 all'Anno 1927. Rhódos 1928, S. 163-181.

Migos, Athanassios: Rhodes: the Knight's battleground. In: Fort 18, 1990, S. 5-28.

Ministry of Culture. Works Supervision Committee for the monuments of the medieval Town of Rhodes (Hg.): Medieval Town of Rhodes. Restoration works (1985-2000). Rhódos 2001.

Ministry of Culture (Hg.): Rhodes from the 4th century AD to its capture by the Ottoman Turks (1522). Athen 2005.

Müller-Wiener, Wolfgang: Die Stadtbefestigungen von Izmir, Sigaçik und Çandarli. In: Istanbuler Mitteilungen 12, 1962, S. 59-114.

Sarnowsky, Jürgen: Die Johanniter und Smyrna 1344-1402. In: Römische Quartalsschrift für christliche Altertumskunde und Kirchengeschichte 87, 1992, S. 47-98.

Sørensen, Lone Wriedt/Pentz, Peter: Lindos IV, 2. Excavations and Surveys in Southern Rhodes: The Post-Mycenean Periods until Roman Times and the Medieval Period. Copenhagen 1992.

Tataki, A. B.: Lindos. The Acropolis and the medieval castle. Athen 1978.

Johanniter-Bauten auf Rhódos

Karassava-Tsilingiri, Fotini: The Fifteenth-Century Hospital of Rhodes: Tradition and Innovation. In: Malcolm Barber (Hg.): The Military Orders: Fighting for the Faith and Caring for the Sick. Aldershot 1994, S. 89–96.

Kondis, I. D.: Recent Restoration and Preservation of the Monuments of the Knights in Rhodes. In: Annual of the British School at Athens, XLVII, S. 213–216, Plates 42f.

Lojacono, Pietro: La Chiesa conventuale di San Giovanni dei Cavalieri in Rodi. Studio storico-architettonico. In: Clara Rhódos VIII, 1936, S. 245–288.

Maiuri, A.: Monumenti ed Arte dei Cavalieri Gerosolimitani a Rodi (mit drei Beiträgen von G. Jacopich). In: Clara Rhódos I, 1928, S. 137–162.

Rottiers, Bernard E. A.: Description des Monuments de Rhodes. Brüssel 1828 30.

Burgen-Rezeption

Losse, Michael: »Ein neues Venedig« mit dem »Charme einer neapolitanischen Eisbombe«? – Der »Wiederaufbau« des Großmeisterpalastes und der Bau der historisierenden Neustadt von Rhódos durch die italienischen Besatzer (1912/43). In: Lehr- und Forschungsgebiet Baugeschichte/Geschichte des Städtebaues/Denkmalpflege, Fachbereich Architektur/Raum- und Umweltplanung/Bauingenieurwesen der Universität Kaiserslautern (Hg.): Festschrift zum 60. Geburtstag von Prof. Hartmut Hofrichter. Kaiserslautern 1999, S. 161–170.

– [...] wie eine Burg mit Türmchen«. Burg und Schloß als Motive in der Architektur des 19. und 20. Jahrhunderts in der Ägäis, insbesondere auf den Dodekanes-Inseln. In: Heiko Laß (Hg.): Mythos – Metapher – Motiv. Untersuchungen zum Bild der Burg seit 1500. Alfeld/Leine 2002, S. 67–98.

Burgen und Wehrbauten in Griechenland – allgemein

Andrews, Kevin: Castles of the Morea. Amsterdam 1978 (Reprint der Ausgabe Princeton 1953).

– Castles of the Morea (revised Edition with an introduction by Glenn R. Bugh) Athen 2006.

Bon, A.: La Morée franque. Recherches historiques, topographiques et archéologiques sur la principauté d'Achaie (1205–1430). 2 Bde. Paris 1969.

Bouras, Charalambos: Architecture and town-planning in the traditional settlements of the Aegean. In: Lambrini Papaioannou/Dora Comini-Dialeti (Hg.): The Aegean. The Epicenter of Greek Civilization. Athen 1992, S. 201m–m 240.

Evgenidou, Despina: Fortification networks and arrangement of space. In: Triposkoufi/Tsitouri 2002, S. 21m–23.

Fantouron, K.: Fortifications en Grece. In: IBI-Akten, VIII. Wissenschaftlicher Kongreß. Athen 1968.

Harrison, Peter: Castles und Fortresses of the Peloponnese: From Justinian until Greek Independence. In: Fortress 17, 1993, S. 1–20.

Hellenic Ministry of Culture/Archeological Receipts Fund, Directorate of Protractions (Hg.): Castrorum Circumnavigatio. O. O. 2001.

Hoepfner, Wolfram/Schmidt, H.: Mittelalterliche Städtegründungen auf den Kykladeninseln Antiparos und Kimolos. In: Jahrbuch des Deutschen Archäologischen Instituts 91, 1976, S. 291–339.

Losse, Michael/Piana, Mathias: Kreuzfahrer-Burgen auf der Peloponnes und im übrigen Griechenland. In: Piana 2008, S. 456–466.

Loupou-Rokou, Athena-Christina: The Aegean Fortresses and Castles. Athen 1999.

Müller-Wiener, Wolfgang: Die Anfänge des Festungsbaues. Zur Entwicklung der Bastionärbefestigung des 15. und 16. Jh. im östlichen Mittelmeergebiet. In: Burgen und Schlösser 2, 1960, S. 1–6.

– Burgen der Kreuzritter im Heiligen Land, auf Zypern und in der Ägäis. München 1966.

Nicolle, David: Crusader Castles in Cyprus, Greece and the Aegean, 1191–1571 (Fortress 59). 2007.

Piana, Mathias (Hg.): Burgen und Städte der Kreuzzugszeit. Petersberg 2008.

Plehn, Chlodwig: Kreuzritterburgen auf dem Peloponnes. München und Zürich o. J.

Geistliche Ritterorden und Kreuzzüge

De Ayala Martínez, Carlos: Die Ritterorden im Mittelalter. In: Feliciano Novoa Portella/Carlos De Ayala Martínez (Hg.): Ritterorden im Mittelalter. Darmstadt 2006, S. 13–44.

Fleckenstein, Josef/Hellmann, Manfred (Hg.): Die geistlichen Ritterorden Europas. Sigmaringen 1980.

Miller, William: The Latins in the Levant. A History of Frankish Greece (1204–1566). London 1908.

Novoa Portella, Feliciano/De Ayala Martínez, Carlos (Hg.): Ritterorden im Mittelalter. Darmstadt 2006.

Nowak, Zenon Hubert (Hg.): Das Kriegswesen der Ritterorden im Mittelalter. Toruń 1991.

Der Johanniter-/Malteser-Ritterorden – allgemein

Ballestrem, Hubert von: Gliederung des Ordens bis zum Ende der Ordensherrschaft auf Malta. In: Wienand ³1988, S. 274–282.

Borchhardt, Karl: Der Johanniterorden. In: Piana 2008, S. 60–69

Bosio, Giacomo: Dell'Istoria della Sacra Religione et Illma. Militia di San Giovanni Gierosolomitano. 3 Bde. Rom 1594; Neuaufl. 1629.

Bradford, Ernle: Kreuz und Schwert. Der Johanniter-/Malteserorden. Berlin 1972 (Original: The shield and the sword. London 1972).

Dauber, Robert L.: Die Marine des Johanniter-Malteser-Ritter-Ordens. 500 Jahre Seekrieg zur Verteidigung Europas. Graz 1989.

Hiestand, Rudolf: Die Anfänge der Johanniter. In: Fleckenstein/Hellmann 1980, S. 31–80.

Luttrell, Anthony: The Hospitallers in Cyprus, Rhodes, Greece and the West. Collected Studies. London 1978.

– Der Johanniter- und der Templerorden. In: Novoa Portella/De Ayala Martínez 2006, S. 45–67.

Nicholson, Helen: The Knights Hospitaller. Woodbridge 2001.

Nicolle, David: Die Ritter des Johanniterordens 1100–1565. Illustriert von Christa Hook. St. Augustin 2004 (Orginalausgabe: Knight Hospitaller [1] 1100–1306. Osford 2001; Knight Hospitaller [2] 1306–1565. Osford 2001).

Riley-Smith, Jonathan: The Knights of St. John in Jerusalem and Cyprus c. 1050–1310 (A history of the Order of the Hospital of St. John of Jerusalem, General Editor: Lionel Butler, Vol. I). London 1967.

– Hospitallers. The History of the Order of St. John. London und Rio Grande 1999.

Rödel, Walter G.: Das Großpriorat Deutschland des Johanniter-Ordens im Übergang vom Mittelalter zur Reformation anhand der Generalvisitationsberichte von 1494/95 und 1540/41. 2., neubearb. und erw. Aufl. Köln 1972.

Vertôt, René Aubert de: Histoire des Chevaliers hospitaliers de Saint-Jean de Jérusalem, appelés depuis Chevaliers de Rhódos, et aujourd'hui Chevaliers de Malte. 4 Bd. Paris 1726 (Lyon ¹⁶1959).

Wienand, Adam (Hg.): Der Johanniter-Orden – Der Malteser-Orden. Der ritterliche Orden des hl. Johannes vom Spital zu Jerusalem. Seine Aufgaben, seine Geschichte. Köln ³1988.

– Johannes der Täufer, Patron des Ordens. In: Wienand ³1988, S. 19–21.

– Die Johanniter und die Kreuzzüge. In: Wienand ³1988, S. 32–103.

Winterfeld, A. von: Geschichte des Ritterlichen Ordens St. Johannis vom Spital zu Jerusalem, mit besonderer Berücksichtigung der Ballei Brandenburg oder des Herrenmeistertums Sonnenberg. Berlin 1859.

Die Johanniter auf Zypern

Edbury, Peter W.: Kingdom Of Cyprus and the Crusades 1191–1374. New York 2000.

Luttrell, Anthony: The Hospitallers in Cyprus after 1291. In: Acts of the I International Congress of Cypriot Studies, II. Nicosia (Zypern) 1972, S. 161–171.

– The Hospitallers in Cyprus, Rhodes, Greece and the West. Collected Studies. London 1978.

– The Hospitallers in Cyprus, 1310-1378. In: L. Kypriakai Spoudai: Nikosia (Zypern) 1986, S. 155–184.

Die Johanniter auf Rhódos und den Dodekanes

Adelphus, Johannes: Ausgewählte Schriften. Hrsg. von Bodo Gotzkowsky. 2. Bd.: Historia von Rhodis. Die Türckisch Chronica. Berlin und New York 1980.

Barz, Wolf-Dieter: Der Malteserorden als Landesherr auf Rhódos und Malta im Licht seiner strafrechtlichen Quellen aus dem 14. und 16. Jahrhundert. Berlin 1990.

Belabre, F. de: Rhodes of the Knights. Oxford 1908.

Bouhours, Dominique: Histoire de Pierre d'Aubusson. Paris 1677; Den Haag 1793; Brügge 1887.

Brockman, Eric: The two sieges of Rhodes 1480–1522. London 1969.

Caoursin, Guillaume: Guillelmi Caoursin Rhodiorum Vicecancellarii Obsidionis Rhodie urbis descriptio. 1480 [zit. Caoursin 1480/81 (Ms. Ochsendorf)]. – Das 1480 in Latein verfasste Werk *Guillelmi Caoursin Rhodiorum Vicecancellarii Obsidionis Rhodie urbis descriptio* erschien 1480/81 als Druck in deutscher Sprache in Passau. Bei der für meine Untersuchung herangezogenen Fassung handelt es sich um das damals unveröffentlichte, teils unvollendete Manuskript einer Übertragung des Passauer Textes, die der Germanist Dr. Uwe Ochsendorf um 1995 in Marburg anfertigte. Ihm sei für die Überlassung einer Kopie des Manuskriptes herzlich gedankt. Die Zeichensetzung im von Ochsendorf unvollendeten Teil des Manuskripts wurde vom Verf. in Anpassung an die des fertigen Teiles ergänzt.

Delaville le Roulx, Joseph: Les Hospitaliers a Rhódos jusqu'au mort de Philibert de Naillac 1310–1420. Paris 1913.

Hasluck, Frederick W.: Dieudonné de Gozon and the Dragon of Rhodes. In: Annual of the British School at Athens 20, 1914, S. 70–79.

Herquet, Karl: Aus den letzten Zeiten von Rhódos. In: Wochenblatt der Johanniter-Ordens-Ballei Brandenburg, Jg. XVI, 1875, S. 89–92.

– Juan Ferrandez de Heredia – Grossmeister des Johanniterordens (1377–1396). Mülhausen in Thüringen 1878.

Kollias, Elias: The Knights of Rhodes. Athen 1991.

Losse, Michael: Die Kreuzritter von Rhódos. Bevor die Johanniter Malteser wurden. Ostfildern 2011.

Luttrell, Anthony: The Hospitallers' Historical Activities: 1291–1400. In: Annales de l'Ordre Souverain Militaire de Malte, XXIV. Rom 1966, S. 1–10/ pp. 126–129.

– Feudal Tenure and Latin Colonization at Rhodes: 1306–1415. In: English Historical Review, LXXXV, London 1970, S. 755–775.

– The Hospitallers at Rhodes: 1306–1421. In: K. Setton (Hg.): A History of the Crusades. Madison, Wisconsin 1975, S. 278–313.

– The Hospitallers of Rhodes Confront the Turks, 1306–1421. In: P. F. Gallagher (Hg.): Christians, Jews and Other Worlds: Patterns of Conflict and Accomodation. Lanham 1988, S. 80–116.

– The Military and Naval Organization of the Hospitallers at Rhodes, 1310–1444. In: Nowak 1991, S. 133–153.

Mager, Mathis: Krisenerfahrung und Bewältigungsstrategien des Johanniterordens nach der Eroberung von Rhódos 1522. Münster 2014.

Prutz, Hans: Die Anfänge der Hospitaliter auf Rhódos 1310–1355. In: Sitzungsberichte philosophisch-philologischen und der historischen Klasse der K. B. Akademie der Wissenschaften zu München, Jg. 1908. München 1909, S. 1–57.

Rossignol, Gilles: Pierre d'Aubusson, »le bouclier de la chrétienté«. Les Hospitaliers à Rhodes. Besançon 1991.

Sarnowsky, Jürgen: Der Konvent auf Rhódos und die Zungen (lingue) im Johanniterorden (1421–1476). In: Nowak 1995, S. 43–65.

– Macht und Herrschaft im Johanniterorden des 15. Jahrhunderts. Verfassung und Verwaltung der Johanniter auf Rhódos (1421–1522). Münster 2001.

– Pragmaticae Rhodiae. Die Landesgesetzgebung der Johanniter auf Rhódos. In: Sacra Militia 2, 2001. Malta 2002, S. 5–24.

– Die Johanniter als Landes- und Stadtherren in der Ägäis. In: R. Czaja/Jürgen Sarnowsky (Hg.): Die Ritterorden als Träger der Herrschaft: Territorien, Städte, Grundbesitz und Kirche. Toruń 2007, S. 69–85.

Τσιρπανλις, Ζαχαριας Ν.: Η Ροδος: και οι Νοτιες Σποραδες στα χρονια των Ιϖαννιτων Ιπποτων. Rhódos 1991.

Wienand, Adam: Der Orden auf Rhódos. In: Wienand ³1988, S. 144–193.

Literatur zu den Dodekanes

Booth, C. D./Bridge Booth, Isabelle: Italy's Aegean possessions. London 1928.

Durrell, Lawrence: Leuchtende Orangen. Rhódos – Insel des Helios. Reinbek 1984 (Original: Reflections on a Marine Venus. 1953).

Kästner, Erhart: Griechische Inseln 1944. Frankfurt 1975.

Lehmann, Ingeborg: Der Dodekanes. Leichlingen bei Köln 1985.

Rhódos

Berg, Albert: Die Insel Rhodus, aus eigener Anschauung und nach den vorhandenen Quellen historisch, geographisch, archäologisch, malerisch beschrieben und durch Originalradirungen und Holzschnitte nach eigenen Naturstudien und Zeichnungen illustrirt von Albert Berg. Braunschweig 1862.

Biliotti, Edouard/Cottret, L'Abbé: L'Île de Rhodes. Rhódos 1881.

Brummett, Palmira: The Overrated Adversary: Rhodes and Ottoman Naval Power. In: The Historical Journal 36, 3, 1993, S. 517–541.

Coronelli, Vincentio/Parisotti: Isola di Rodi geografico storico, antica e moderna coll'altre adiacenti già possedute da Caualieri Hospitalieri di S. Giovanni di Gerusalemme. Bd. I. Venedig 1688.

Erdogru, M. Akif: The Island of Rhodes under Ottoman Rule: Military Situation, Population, Trade and Taxation. In: Arab Historical Review for Ottoman Studies 13–14, 1996, S. 29–41.

Flach, Martin (Drucker): Historia von Rhodis. Wie ritterlich sie sich gehalten mit dem Tyrannischen Keiser Machomet uß Türckyen/lustig unn lieplich zuo lesen. Straßburg 1513.

Flandin, Eugène: Voyage à l'île de Rhodes (Le tour monde, 1862, II). Paris 1862.

Gallas, Klaus: Rhódos. Köln 1984.

Luttrell, Anthony: Settlement on Rhodes, 1306-1366. In: Peter Edbury (Hg.): Crusade and Settlement. Cardiff 1985, S. 273–281.

– The Town of Rhodes 1306–1336. Rhódos 2003.

Speich, Richard: Rhódos mit Chalki, Simi und Kastellorizo. Kunst- und Reiseführer. Stuttgart 1987.

Τσιρπανλις, Ζαχαριας Ν.: Στη Ροδο του 1600–1700 αιονα. Απο τους Ιωαννιτες Ιπποτες στους Οθωμανους Τουρκος. Rhódos 2002.

Υπουργειο Πολιτισμου – Τ.Δ.Π.Ε.Α.Ε. Επιτροπη Παρακολουθησης Εργον στα Μνημεια της Μεσαιωνικης Πολης της Ροδου. Μεσαιωνικη Πολη Ροδου Εργα Αποκαταστασης 2000-2008. Rhódos 2008.

Weitere Inseln

Arfaras, Michalis Emm.: Nísyros, das »Porphyris der Antike. Athen 2003.

Arfaras, Michalis Emm./Melissourgaki-Arfara, Marianthi: Symi, das Aigle der Antike. Wissenschaftlich-touristischer Reiseführer. Athen o. J.

Ashton, Norman G.: Ancient Megisti. The Forgotten Kastellorizo. University of Western Australia Press. Nedlands 1995.

Chatziphotis, Ioannis M.: Symi. Sentinel of the Greek Archipelago. Athen 1996.

Χονδρος, Κυριακος Μ.: Καστελλοριζο. Κοσμημα του Αιγαιου. Τουριστικος και Πολιτιστικος Οδιγος. Athen o. J.

Dawkins, R. M./Wace, Alan J. B.: Notes from the Sporades, Astypalaea, Telos, Nisyros, Leros. In: Annual of the British School at Athens, XII, 1905-06, S. 151–174.

Δρελιοση–Ηρακλειδοψυ, Αναστασια/ Μιχαηλιδου, Μαρια: Λερος. Απο την Προιστορια εως το Μεσαιωνα. Athen 2006.

Economakis, Richard/De Vries, Cornelis: Nisyros.

History and Architecture of an Aegean Island. Athen 2001.

Gerola, Giuseppe: Un piccolo feudo napoletano nell'Egeo: l'isoletta di Castelrosso ora Kastellorizo. In: Ausonia, VIII, Rom 1915.

Koutellas, Michael J.: Kalymnos. History, Archaeology, Culture. From the Prehistoric Age to present times. Kálymnos 2006.

Μπασγιουρακις, Θεοφιλος/Σιγαλα, Μαρια: Χαλκη. Το νισ η της γαληνης. Ιv: Ελλινικο Πανοραμα, Φυση – Ιστορια – Επιστημη, Τευχος 18° Φθινοπωρο 2000, S. 162–207.

Historische Reiseberichte

Buondelmonti, Christophe [Cristoforo]: Description des Îsles de l'Archipel (Publications de l'École de Langues Orientales, Quatrieme Serie, vol. XIV). Übersetzt von Émile Legrand, hrsg. von Ernest Leroux. Paris 1897.

Faber, Felix > Sollbach, Gerhard E.

Feyerabend, Siegmund: Reyßbuch deß heyligen Landes. Frankfurt/M. 1584.

Füessli, Peter (Petter Füssly): Warhafte reiss gen Venedig und Jerusallem beschen durch Petter Füssly und Heinrich Ziegler, anno 1523 > Uffer, Leza M.

Newton, Charles Thomas: Travels and Discoveries in the Levant. London 1865.

Ross, Ludwig: Reisen auf den griechischen Inseln des ägäischen Meeres. 2. Bd. Stuttgart und Tübingen 1843; 3. Bd. Stuttgart und Tübingen 1845.

Sollbach, Gerhard E.: In Gottes Namen fahren wir. Die Pilgerfahrt des Felix Faber ins Heilige Land und zum St. Katharina-Grab auf dem Sinai A. D. 1483. Kettwig 1990.

Sommi Picenardi, G.: Itinéraire d'un chevalier de St. Jean dans l'île de Rhodes. Rom 1900.

Uffer, Leza M. (Hg.): Peter Füesslis Jerusalemfahrt 1523 und Brief über den Fall von Rhódos 1522. Zürich 1982.

Literatur zur Artillerie im Spätmittelalter

Rathgen, Bernhard: Das Geschütz im Mittelalter. Neu hrsg. und eingeleitet von Volker Schmidtchen. Erstmaliger Reprint der Ausgabe von 1928. Düsseldorf 1987.

Schmidtchen, Volker: Bombarden, Befestigungen, Büchsenmeister. Von den ersten Mauerbrechern des Spätmittelalters zur Belagerungsartillerie der Renaissance. Eine Studie zur Entwicklung der Militärtechnik. Düsseldorf 1977.

– Das Befestigungswesen im Übergang vom Mittelalter zur Neuzeit. In: Burgen und Schlösser 1979/I, S. 49–52.

– Büchsen, Bliden und Ballisten. Bernhard Rathgen und das mittelalterliche Geschützwesen. Ein Beitrag zur historischen Waffenkunde. In: Rathgen 1987 (Reprint der Ausgabe 1928), S. V–XLVIII.

Abkürzungsverzeichnis

A.	Anfang	M.	Mitte
Abb.	Abildung/en	n. Chr.	nach Christus
Aufl.	Auflage	nnö	nordnordöstlich
bzw.	beziehungsweise	OG	Obergeschoss
ca.	circa	o. g.	oben genannt
d. h.	das heißt	s.	siehe
Dr.	Drittel	s. o.	siehe oben
E.	Ende	sog.	sogenannt/-er/-es
ebd.	ebenda	s. u.	siehe unten
EG	Erdgeschoss	SO	Südosten
ehem.	ehemalige/-n/-s	SW	Südwesten
etc.	et cetera	sw	südwestlich
fl.	Florin	u. a.	unter anderem
fr.	frühen / frühes	UG	Untergeschoss
franz.	französisch	urspr.	ursprünglich
griech.	griechisch	V.	Viertel
H.	Hälfte	v.	von (als Adelsprädikat)
ha	Hektar	v. a.	vor allem
i. d. R.	in der Regel	v. Chr.	vor Christus
inkl.	inklusive	vgl.	vergleiche
Jh.	Jahrhundert/-s/-en	wsw	westsüdwestlich
Kap.	Kapitel	z. B.	zum Beispiel
km	Kilometer	z. T.	zum Teil
lat.	lateinisch	z. Zt.	zur Zeit
m	Meter	zit.	zitiert

ANHANG

Abbildungsnachweis

Alle Fotos, soweit nicht anders nachgewiesen, vom Autor Dr. Michael Losse (bezeichnet © ML).

13 Lupazzolo: Isolario, 1638
17 Bernhard von Breydenbach: Peregrinatio in terram sanctam. Erste deutsche Ausgabe von Peter Schöffer. Mainz 1486 (aus: Wikipedia Commons; URL: https://commons.wikimedia.org/w/index.php?search=rh%C3%B3dos+breydenbach&title=Special:Search&profile=default&fulltext=1&searchToken=976plf4va9a0iz5tsha4ewdh5#/media/File:Breydenbach_Rodis_1486.jpg)
24 Wienand 1970 (Caoursin 1496)
25 Caoursin 1496 (aus: Wikimedia Commons; URL: https://commons.wikimedia.org/w/index.php?search=caoursin+1496&title=Special:Search&profile=default&fulltext=1&searchToken=1oflx-62bo1yhf947cj3ikqs#/media/File:Caoursin_-_Rhodiorum_historia_1496_-_15.jpg)
27 Wienand 1970 (Graphik eines unbekannten Meisters)
43 Flandin 1862
44 Dr. Stephen C. Spiteri (Malta), aus Spiteri 1994
45 © Google Earth
46 Wikimedia Commons
48 Rottiers 1828 (aus: Wikimedia Commons; URL: https://commons.wikimedia.org/w/index.php?title=Special:Search&limit=20&offset=40&profile=default&search=rottiers+1828&searchToken=5aow6k4ibs2ih8fn17o0m0mfb#/media/File:La_Loge_de_St_Jean_-_Rottiers_Bernard_Eug%C3%A8ne_Antoine_-_1828.jpg)
49 Rottiers 1828 (aus: Wikimedia Commons; URL: https://commons.wikimedia.org/w/index.php?title=Special:Search&limit=20&offset=60&profile=default&search=rottiers+1828&searchToken=6tplsurw3izooh2lizdy7beva#/media/File:La_Fa%C3%A7ade_et_la_Tour_de_St_Jean_-_Rottiers_Bernard_Eug%C3%A8ne_Antoine_-_1828.jpg)
50 Rottiers 1828 (aus: Wikimedia Commons; URL: https://commons.wikimedia.org/w/index.php?title=Special:Search&limit=20&offset=40&profile=default&search=rottiers+1828&searchToken=134mek88dd72nanknqdx14l31#/media/File:L%27_Int%C3%A9rieur_de_St_Jean_-_Rottiers_Bernard_Eug%C3%A8ne_Antoine_-_1828.jpg)
51 Gabriel 1926: Müller-Wiener 1960
57 Dr. Stephen C. Spiteri (Malta), aus Spiteri 1994
59 Dr. Stephen C. Spiteri (Malta), aus Spiteri 1994
64–66 Dr. Stephen C. Spiteri (Malta), aus Spiteri 1994
68 Newton 1865
71 Dr. Miroslav Plaćek (Tschechien)
76 Dr. Stephen C. Spiteri (Malta), aus Spiteri 1994
79 Dr. Stephen C. Spiteri (Malta), aus Spiteri 1994
80 Stefanidou 2004 (Zeichnung von Hedenborg, 1854)
82f Dr. Miroslav Plaćek (Tschechien)
84 Dr. Stephen C. Spiteri (Malta), aus Spiteri 1994
88 Dr. Stephen C. Spiteri (Malta), aus Spiteri 1994
106 Dr. Miroslav Plaćek (Tschechien)
111 Dr. Stephen C. Spiteri (Malta), aus Spiteri 1994
114 Dr. Mathias Piana
124 Rottiers 1828 (aus: Wikimedia Commons; URL: https://commons.wikimedia.org/w/index.php?title=Special:Search&limit=20&offset=20&profile=default&search=rottiers+1828&searchToken=73er9p8j7r5db19gnh4q1ry6e#/media/File:Fortifications_n_1_-_Rottiers_Bernard_Eug%C3%A8ne_Antoine_-_1828.jpg)
127 Dr. Stephen C. Spiteri (Malta), aus Spiteri 1994
128 Rottiers 1828 (aus: Wikimedia Commons; URL: https://commons.wikimedia.org/w/index.php?title=Special:Search&limit=20&offset=0&profile=default&search=rottiers+1828&searchToken=bbwehus2pzyauwnycoh61bfcr#/media/File:Caveau_no_2_-_Rottiers_Bernard_Eug%C3%A8ne_Antoine_-_1828.jpg)
135 Dr. Olaf Kaiser